PHILOSOPHIE ET ART

DU

DRAINAGE,

PAR

T. J. THACKERAY.

PARIS,

IMPRIMERIE ET LIBRAIRIE D'AGRICULTURE ET D'HORTICULTURE

DE Mme Ve BOUCHARD-HUZARD,

RUE DE L'ÉPERON, 5.

1849

« La science ne commence pour l'homme qu'au
« moment où l'esprit s'empare de la matière, où
« il tâche de soumettre la masse des expériences
« à des combinaisons rationnelles. La science est
« l'esprit appliqué à la nature. »

Alexandre de Humboldt.

DE L'INFLUENCE DE L'EAU

SUR

LA TEMPÉRATURE DU SOL,

ET

DE LA QUANTITÉ D'EAU DE PLUIE

ÉCOULÉE PAR LE DRAINAGE.

DE L'INFLUENCE DE L'EAU

SUR LA TEMPÉRATURE DU SOL.

Plusieurs philosophes et agronomes ont ouvert les yeux sur l'importance d'une enquête au sujet des propriétés physiques des différents sols, et particulièrement au sujet des causes affectant leur état de chaleur et d'humidité (ou fraîcheur). Dans sa lettre au comte Spencer, avant la formation de la Société agricole d'Angleterre , M. Handley a cité certains phénomènes que nous connaissons, il est vrai, d'une manière très-insuffisante, et il a signalé comme restant toujours au nombre des mystères de la nature l'action de la plupart de ses plus énergiques agents. « Celui qui « procède à des expériences, dit-il, pourrait s'occuper uti- « lement de déterminer la température de la terre à sa « surface et dans les profondeurs accessibles aux cultiva- « teurs, étudier les influences de la chaleur, de la lumière « et de l'air ; le degré jusqu'auquel ils pénètrent dans le « sol ; à quel point s'arrête la germination de la semence ; « les effets d'une culture variée pour promouvoir l'ab- « sorption et la rétention de la chaleur, l'étendue et l'effet « de l'attraction capillaire. Ces différentes questions , jus- « qu'ici fort négligées , jouent évidemment un rôle impor- « tant dans l'accélération et le perfectionnement de la ma- « turité des plantes , et leur étude paraît être au moins « aussi intéressante que ces travaux scientifiques exécutés « avec tant de zèle pour déduire l'intensité d'un feu cen- « tral d'après des expériences démontrant que la tempé- « rature du corps du globe augmente à mesure que nous « y plongeons plus profondément. »

Avant de détailler ces expériences très-limitées sur la température des sols, il serait à propos d'examiner certains travaux du laboureur, leur portée, et la manière dont la chaleur et la fraîcheur d'un sol peuvent en être affectées. Les deux principaux procédés agricoles, dont peut-être la fertilité de la terre dépend presque autant qu'elle dépend des secours artificiels qu'elle reçoit aujourd'hui si scientifiquement et si libéralement, sont le *drainage*[1] et la pulvérisation par le labourage profond. On sait, dans la pratique, que ces opérations mécaniques sont indispensables pour le développement intégral des forces naturelles des sols, aussi bien que pour l'emploi profitable des stimulants nombreux et coûteux récemment introduits dans l'agriculture. Ce que l'on se propose aujourd'hui de démontrer, c'est que la température du sol est matériellement influencée par la perfection de ces procédés, et que chaque sol particulier en profite, suivant le degré dont il a besoin d'être artificiellement desséché ou travaillé. Il a été forcément remarqué que quiconque se connaît en culture perfectionnée convient aujourd'hui que, sur une terre humide, le desséchement à fond est pour une ferme ce que la fondation est pour une maison[2].

Certainement l'eau forme un élément essentiel du sol; mais il peut y avoir autant de différence sous le rapport de la fertilité entre un sol humide et un sol moite, quoique identiques sous d'autres rapports, qu'entre un marais et un jardin. Grâce au *drainage* et à la pulvérisation, on atteint, dans la plupart des sols, le degré convenable d'humidité. Quoiqu'il ait été sagement ordonné par la Providence que nous ne pouvons pas contrôler l'épanchement de la pluie, cependant nous pouvons régler, dans de certaines limites,

---

[1] Le mot *drainage* est employé ici dans l'acception la plus large, ne le limitant pas à la construction des conduits artificiels pour l'eau, ni à son emploi sur les sols uniquement réputés humides. Les simples actes consistant à bêcher, labourer et travailler les sols réputés secs opèrent, en réalité, le drainage (desséchement) en ouvrant des conduits pour l'écoulement de l'eau du stratum superficiel au stratum inférieur.

[2] *Journal*, volume III, page 170.

la quantité d'humidité que la terre doit garder, et l'approprier à la qualité du sol et aux exigences de la végétation.

Action physique de l'eau.

L'examen de l'effet bien connu du *drainage* sur les sols surchargés d'eau conduit naturellement à l'examen des causes du changement produit sur ces sols par un effet si simple. Un sol parfaitement sec, ou un sol parfaitement humide, c'est-à-dire constamment inondé, seraient presque aussi stériles l'un que l'autre, et l'on peut concevoir l'existence de certaines proportions entre les sommes de chaleur et de fraîcheur nécessaires, en ce qui touche leur influence pour doter du maximum de sa fertilité un sol donné dans une latitude ou situation donnée.

Les recherches faites par divers philosophes ont jeté du jour sur les lois relatives à l'eau dans ses divers états. Fluide, solide, et vapeur, il n'est peut-être aucune substance qui ait été analysée avec plus de succès, et il n'est peut-être pas de substance qui joue des rôles plus nombreux ou plus importants dans son action sur le sol et dans l'économie sur la vie végétale, que l'eau. Il peut y avoir encore quelque chose à découvrir dans ses rapports chimiques avec les éléments solides, salins et gazeux du sol ; mais ses propriétés physiques en ce qui touche la chaleur, son effet comme dissolvant, et ses lois mécaniques, sont assez constatés pour nous permettre de comprendre et d'expliquer d'une manière satisfaisante les divers avantages du *drainage* pour les sols humides.

Quand un sol est saturé d'eau, les plantes de première classe n'y peuvent pas fleurir ; elles y végètent plus ou moins imparfaitement, jusqu'à ce que la quantité de l'eau ait assez diminué pour que cela convienne aux habitudes de ces plantes. L'excédant de l'eau dans une juste proportion ne peut être réduit naturellement que par son évaporation graduelle, c'est-à-dire que sa conversion en vapeur, sa transition de l'état fluide à l'état aériforme est accompagnée par l'absorption d'une quantité si grande de chaleur (ou calorique) du sol en contact, qu'il pourrait être convenable d'examiner son action sous ce rapport d'abord, et de tâcher d'en apprécier l'importance.

Met-on de l'eau sur le feu dans un vase ouvert? Sa température, indiquée par le thermomètre, ne saurait être amenée, par aucune force ignée ou de feu, à dépasser 212° au-dessous de la pression moyenne atmosphérique d'environ 30 pouces de mercure. La température de l'eau devient alors stationnaire, et la chaleur du feu se dépense ensuite à convertir l'eau en vapeur; la température de la vapeur continue d'être précisément celle de l'eau, et l'on a trouvé qu'il faut environ six fois autant de chaleur pour faire bouillir un volume d'eau donné qu'il en faudrait pour élever la température de ce volume de 50° à 212°. On en conclut que la différence (ou 162 × 6 = 972 degrés de chaleur) a traversé l'eau et est entrée dans la composition de tout atome de vapeur. La vapeur, dès lors, a bien plus de capacité que l'eau pour la chaleur. Ces accroissements continuels de chaleur sont absorbés par la vapeur pendant qu'elle se forme; elles deviennent ce qu'on appelle *latentes*, c'est-à-dire insensibles pour le thermomètre qui, plongé dans la vapeur, ne marque pas d'autre température que celle de l'eau qui l'engendre, ou 212° : c'est ce qu'on appelle la chaleur sensible ou thermométrique de la vapeur. On prouve que la totalité de la chaleur ainsi dépensée pour changer l'eau de l'état fluide à l'état gazeux est entrée dans la vapeur en condensant un poids donné de vapeur en eau; on trouve alors que 1 livre de vapeur élèvera environ 6 livres pesant d'eau de 50° au point d'ébullition.

L'eau est vaporisable à toutes les températures lorsqu'elle est exposée à l'atmosphère; son expulsion de la terre continue même en de certaines circonstances, lorsque l'atmosphère est remplie de fraîcheur ou à ce qu'on appelle le point de rosée. Il est très-important de remarquer que, à quelque basse température que soit l'eau dans le sol, ou quel que soit l'état de l'atmosphère où se forme et d'où part la vapeur, il est enlevé par un *poids donné* de vapeur la même somme de chaleur que si cette vapeur avait été produite dans le vaisseau ouvert sur le feu dont nous parlions tout à l'heure, ou dans la chaudière d'une machine à vapeur à haute pression. On a obtenu la confirmation pratique de la vérité de cette loi en faisant évaporer de l'eau sous des pressions très-diverses. Il a été constaté que le même poids de combustible (ou mesure de chaleur) a été consumé pour convertir de semblables volumes d'eau en vapeur à toutes ces diverses pressions. On a constaté qu'il faut la chaleur donnée par 2 ou 3 onces de charbon pour convertir 1 livre pesant d'eau en vapeur : on conçoit donc quelle énorme quantité de chaleur il faudra enlever au sol dans le cas où on laisse l'eau demeurer stagnante jusqu'à ce qu'elle s'évapore.

La chaleur étant considérée comme un corps impondérable, nous ne pouvons pas vérifier directement par poids ou mesure la quantité de chaleur enlevée au sol par l'évaporation de l'eau. L'exemple ci-après sera assez familier à l'esprit de l'ingénieur, et il permettra aux fermiers intelligents de se faire une idée de son importance immense.

Supposons que la pluie tombant sur la superficie d'une acre de terre pendant l'année a 30 pouces de profondeur perpendiculaires, elle serait alors de 108,900 pieds cubiques = 3,038 tonneaux. Divisez par douze mois, vous avez un terme moyen de 298 pieds cubiques = 8 tonneaux 1/3, ou 18,647 livres pesant d'eau par jour. Ce poids d'eau exigerait pour son évaporation quotidienne (supposant qu'elle dût être enlevée ainsi) la combustion d'environ 24 quintaux de charbon comme on s'en sert pour les chaudières à vapeur, ou 1 quintal à l'heure par acre pendant l'année. Ceci nous donne quelque idée de l'abstraction de la chaleur de la terre dans des circonstances de parfaite réplétion et stagnation aqueuse, et il n'y a que trop de sols dans ces conditions. Nous pouvons aussi avoir une idée de la dépression de la température terrestre par suite de l'abstraction de tant de chaleur de la masse du sol. Cette dépression doit toujours être proportionnée à la quantité d'eau présente dans le sol excédant la juste quantité nécessaire pour les besoins de la végétation. Les sols, dans cet état, doivent nécessairement être très-froids au printemps, et beaucoup plus froids à l'époque où la végétation commence et dans le courant de l'été, que ne le sont des terres bien desséchées ou naturellement plus sèches. Si nous connaissions la capacité pour la chaleur de tout sol donné, et le poids de l'eau qui s'y trouve mêlée excédant le complément convenable nécessaire pour la végétation, il serait facile de déterminer très-approximativement la dépression de la température causée par son évaporation. Nous savons que le calorique de 1 livre d'eau à son état gazeux, c'est-à-dire en vapeur, élèverait d'un degré la température d'environ 1,000 livres pesant d'eau ; de telle sorte que, si les chaleurs spécifiques des corps fluides et solides étaient semblables, l'évaporation de 1 livre d'eau abaisserait de 1 degré la température de 1,000 livres pesant de terre, ou de 2 degrés celle de 500 livres, et ainsi de suite.

2° L'excès de l'humidité fait obstacle à l'absorption de la chaleur par l'élément solide du sol ; l'eau stagnante est l'un des pires conducteurs de la chaleur que nous connaissions. Si elle est échauffée à la surface et mêlée au sol, elle tire presque toute sa chaleur des rayons du soleil ; l'eau ne transmet en bas que peu ou point de chaleur ; si une masse d'eau est chauffée en dessous, le tout atteint bientôt une température uniforme à raison du mouvement excité parmi ses parties. Le stratum inférieur échauffé devient d'une pesanteur spécifique moins grande que le stratum supérieur, et les parties les plus lourdes descendent et elles élèvent la partie qui a été échauffée ; de cette manière , a lieu une circulation rapide. Si, au contraire, l'eau est échauffée en dessus, c'est-à-dire à la surface, l'écume de l'eau échauffée flotte en dessus en vertu de sa légèreté supérieure. Aucune chaleur ne descend ; il n'y a pas de circulation de haut en bas ; une grande partie de la chaleur des rayons du soleil est empêchée, par l'excédant de l'eau, de pénétrer et de se transmettre dans la masse du sol.

3° L'eau est un puissant agent d'irradiation de la chaleur, c'est-à-dire qu'elle refroidit promptement. Tous les corps fluides ou solides possèdent des pouvoirs spéciaux pour renvoyer ou neutraliser la chaleur. Le feu professeur Leslie considérait l'eau (et , à cet égard , d'autres philosophes ont partagé son opinion) comme étant à la tête des substances irradiantes.

Le phénomène de la production du froid par irradiation et évaporation est gracieusement démontré par l'expérience bien connue qui consiste à exposer dans une soucoupe de l'eau assez chaude pour rendre une vapeur visible, et dans une autre soucoupe un égal volume d'eau tirée d'un puits; la première , par une matinée de forte gelée , sera celle qui donnera le plus tôt de la glace[1]. La force réfrigérante de l'évaporation et de l'irradiation combinées, ou de l'irradiation seulement, est représentée, dans cette expérience, par l'ordre de la congélation dans les deux soucoupes; mais la différence dans la quantité de chaleur émise par chacune d'elles est immense, ainsi que cela résulte de ce qui a été dit plus haut au sujet de la chaleur constituante de la vapeur.

4° La température de l'eau diminuant pendant la nuit ou

---

[1] L'eau bouillante jetée sur le sol gèlera plus vite que l'eau froide.

en plein jour, suivant les diverses conditions de l'atmosphère, par l'irradiation de la chaleur vers les cieux, sa gravité spécifique s'accroît, et le stratum superficiel, qui est tout d'abord refroidi, descend immédiatement en raison de l'augmentation de sa densité. Cette couche d'eau froide et plus lourde est aussi promptement remplacée par des parties relativement plus chaudes et plus légères qui se refroidissent à leur tour, et qui s'enfoncent successivement ; aussi l'eau, quoiqu'elle ne soit pas conductrice de la chaleur en bas lorsqu'elle est échauffée à la surface, devient un prompt véhicule de froid dans cette direction lorsqu'elle est refroidie à sa surface, et ce travail de refroidissement peut même continuer dans des circonstances spéciales jusqu'à ce que toute une masse donnée soit réduite à la basse température d'environ 42° : c'est à ce point que l'eau atteint son maximum de densité. La descente ultérieure du froid par ce travail cesserait ; mais le refroidissement qu'il occasionne doit affecter tous les sols plus ou moins ayant de l'eau à l'excès, c'est-à-dire lorsque l'eau est dans un état de stagnation presque à la surface. Il n'y a d'exempts de cette glaçante influence que les sols qui ne gardent pas naturellement l'eau, ou qui sont artificiellement et profondément desséchés.

Ainsi l'excédant d'eau produit le *froid* dans le sol au moyen de diverses propriétés indépendantes, vigoureuses et toujours actives.

D'autre part, lorsqu'un sol est naturellement assez poreux, ou qu'il est par l'art (c'est-à-dire le *drainage*) mis dans un état tel que l'eau de pluie peut s'enfoncer dans la terre, ce sol devient un conducteur, un pourvoyeur actif, au lieu d'être un accapareur de chaleur : il tend à élever d'une manière permanente la température de la masse du sol utile, et cela, surtout et avantageusement, pendant la saison de la végétation. A cette époque, l'eau de pluie transmet en bas la chaleur superficielle plus élevée du sol , et elle la distribue au sous-sol en courant aux tuyaux des tranchées ; elle laisse le sol dans une bonne condition pour recevoir de nouvelles doses de pluie , de rosée , et d'air, et dans une meilleure condition pour absorber et retenir la chaleur, en même temps qu'elle contribue autrement à sa fertilité et à sa fécondation ; mais l'examen des effets chimiques attribuables à la circulation et au renouvellement continuel de l'eau et de l'air est étranger à la présente discussion. Afin de rendre le changement de l'eau parfait et son action uniforme dans un champ , toutes les tranchées doivent être plus profondes que le sol actif ou travaillé , et couvertes. Si elles sont ouvertes, une masse d'eau de pluie précipitée à la surface y passe nécessairement avant d'avoir pénétré toute la masse du sol ; en conséquence , elle emporte avec elle de la chaleur qui eût servi utilement à réchauffer le stratum inférieur ; elle pourrait, en même temps, enlever la matière fertilisante. Si les tranchées ne sont pas plus profondes que le sol labouré , l'eau reste au-dessous dans un état de stagnation qui doit glacer les racines des plantes, et diminuer la température de la masse supérieure.

Les jardiniers et les fleuristes connaissent très-bien l'influence préjudiciable de l'eau lorsqu'on la verse constamment dans la terrine , au lieu d'arroser la surface du sol dans un pot de fleurs. L'eau de fond produit les mêmes mauvais effets lorsqu'elle est stagnante trop près de la surface du grand lit agricole.

Le *drainage* superficiel est comparativement de peu de valeur ; on en voit peut-être l'exemple en la pire forme pratique dans un terrain torturé d'après le système du sillon. Lorsque la terre est constamment cultivée en hauts sillons, les sommets ne peuvent devoir qu'un bénéfice partiel à l'action de la pluie.

La graduation de la sécheresse et de la chaleur comparative du sommet, à l'humidité et à la froideur délétère des sillons, est ordinairement indiquée par l'état des récoltes venues sur une terre ainsi cultivée.

Propriétés physiques de la matière terrestre.

L'influence du *drainage* et de la pulvérisation sur la température des sols dépend nécessairement des habitudes et de la constitution de la matière, ou de l'élément solide et fluide composant le sol ou mêlé avec lui. La variété des substances qui entrent dans sa composition, leur structure particulière, l'état de leur division ou le volume de leurs parties, leurs couleurs, leurs puissances respectives d'absorption, de transmission et d'irradiation de la chaleur, leur état spongieux, toutes ces propriétés conspirent ou s'accordent pour déterminer la température d'un sol donné ; ces propriétés sont indépendantes de la latitude ou de la localité. Les chimistes nous ont enseigné la chaleur spécifique, la vertu d'absorption et d'irradiation des diverses terres, et de beaucoup de corps solubles et insolubles séparément soumis à l'investigation ; mais nous ne connaissons que peu ou point ces relations lorsque ces diverses substances sont mêlées ensemble, ainsi que nous les trouvons dans le lit agricole. C'est là qu'il nous faut puiser nos renseignements ; c'est sur la masse du sol même que les hommes pratiques doivent faire leurs expériences pour vérifier les faits en question. Néanmoins il ne faut pas faire fi des travaux du laboratoire ; c'est surtout à eux que nous devons la connaissance complète des phénomènes de l'eau. Les investigations du cabinet d'étude peuvent aider beaucoup celui qui fait des expériences sur la place.

Voici des opinions et recherches extraites des ouvrages de deux philosophes anglais distingués, ayant trait à l'affinité que possèdent avec la fraîcheur et la chaleur (ou le *calorique*) un grand nombre de corps trouvés dans le sol ; elles éclaircissent la question.

Le professeur Leslie, qui a largement contribué à nous faire connaître les phénomènes de la chaleur et de la fraîcheur, parle en ces termes de ses expériences sur les forces hygrométriques de certaines terres. Pour plus de brièveté et de clarté, il les résume ainsi :

« Les substances absorbantes, outre qu'elles assimilent
« à leur essence une partie du liquide qui les touche, sont
« également disposées à attirer, quoique avec une énergie
« différente, l'humidité de l'atmosphère. Les matières les
« plus solides comme les plus molles exercent ce pou-
« voir, exactement analogue à celui des acides concentrés
« et des sels déliquescents. Dans leurs différentes affinités
« avec l'humidité, les corps terrestres découvrent les dif-
« férences de constitution les plus essentielles. Pour exa-
« miner ces propriétés, il faut dessécher d'abord à fond la
« substance, la faire presque rôtir devant un bon feu et
« l'introduire immédiatement dans une fiole avec un bou-
« chon serré ; quand la poudre a subi cette espèce de pré-
« paration, elle est ensuite jetée partiellement dans un
« grand bocal et enfermée jusqu'à ce qu'elle ait attiré sa
« part d'humidité de l'air enfermé. Un hygromètre délicat,
« introduit alors dans la bouteille, indique la mesure de
« l'effet produit par l'absorption. »

	Degrés d'humidité absorbés par l'air à environ 60°.
Argile très-torréfiée.	8
Silice *idem.*	19
Schiste *idem.*	23
Carbonate de strontite.	23
Carbonate de baryte.	32
Argile fortement rôtie.	35
Silice trempée dans l'eau et séchée après forte tor- réfaction.	35

Leslie fait remarquer que la force absorbante des terres
dépend autant de leur condition mécanique que des espèces
de matières dont elles sont composées : tout ce qui tend à
la durcir diminue la mesure de leur effet; telle est, en apparence, la raison pour laquelle l'action du feu diminue
leur vertu de dessiccation [1].

Si l'on considère l'utilité de cette contribution à la philo-
sophie des sols, on doit trouver très-remarquable que l'in-
génieux auteur ait entièrement omis de rechercher le rapport d'une substance avec l'absorption de la chaleur aussi
bien que de l'humidité.

L'importance de la constatation de ces doubles relations
n'a pas échappé à la sagacité de Davy, qui a devancé Leslie
dans ses recherches, et dont les remarques sont tellement
pertinentes et sont d'une telle valeur intrinsèque, que l'on
n'en trouvera pas ennuyeuse la citation.

« Beaucoup de sols sont vulgairement réputés *froids;*
« cette distinction présomptive est juste, quoiqu'à la pre-
« mière vue elle puisse paraître basée sur la prévention.
« Certains sols sont plus échauffés que d'autres par les
« rayons du soleil, toutes circonstances étant d'ailleurs éga-
« les; et des sols affectés par le même degré de chaleur se

[1] Leslie, *sur la chaleur et la fraîcheur*, page 96, 1818.

« refroidissent à divers temps , c'est-à-dire que les uns se
« refroidissent plus vite que les autres. On a fait peu d'at-
« tention à cette propriété au point de vue philosophique;
« cependant elle est de la plus haute importance en agri-
« culture. En général, les sols composés principalement de
« dure argile blanche sont difficilement échauffés ; d'habi-
« tude très-humides, ils ne gardent que peu de temps leur
« chaleur. Il en est de même des craies sous un rapport ,
« c'est-à-dire elles sont difficiles à échauffer ; mais, étant
« plus sèches , elles gardent leur chaleur plus longtemps.
« La consommation étant moindre pour amener l'évapora-
« tion de leur humidité, un sol noir se composant de beau-
« coup de matière végétale molle est celui qui est le plus
« échauffé par le soleil et l'air. Les sols colorés et les sols
« contenant beaucoup de matière carbonacée ou ferrugi-
« neuse exposée à un soleil égal acquièrent une tempéra-
« ture plus élevée que les sols incolores ou aux pâles cou-
« leurs. Lorsque les sols sont parfaitement secs, ceux qui
« sont le plus rapidement échauffés par les rayons solaires
« sont aussi ceux qui se refroidissent le plus vite, leur force
« de déperdition de la chaleur par irradiation étant très-
« grande; mais j'ai constaté par expérience que le sol sec
« le plus brun (contenant beaucoup de matières animales
« ou végétales, substances qui facilitent le plus la diminu-
« tion de température), échauffé au même degré , pourvu
« qu'il se trouve dans les limites ordinaires de l'effet de la
« chaleur solaire , se refroidira plus lentement qu'un sol
« humide pâle entièrement composé de matières terrestres.
« J'ai trouvé qu'un riche terreau noir contenant un quart
« de matière végétale avait un accroissement de tempéra-
« ture , en une heure, de 65 à 88°, par suite de l'exposition
« aux rayons du soleil, tandis qu'un sol de chaux, dans les
« mêmes circonstances, n'était échauffé qu'au 69° degré.
« Mais le terreau transporté à l'ombre, à une température

« de 62°, perdait en une demi-heure 15°, tandis que la
« craie, dans les mêmes circonstances, n'en perdait que 4°.

« Un sol bien fertile et une froide argile ont été artifi-
« ciellement échauffés, chacun à 88°, après avoir été préa-
« lablement desséchés; ils ont été exposés à une tempéra-
« ture de 57°. En une demi-heure, le sol noir avait perdu
« 9° de chaleur; l'argile n'en avait perdu que 6°. Une par-
« tie égale d'argile contenant de l'humidité, après avoir été
« échauffée à 88°, a été exposée à une température de 55°.
« En moins d'un quart d'heure, elle avait atteint la tem-
« pérature de la salle où se faisait l'expérience. Dans toutes
« ces expériences, les sols ont été placés dans de petits
« plateaux d'étain de 2 pouces carrés et de 1/2 pouce de
« profondeur, et la température a été constatée par un
« thermomètre délicat. Il est de la dernière évidence que
« la chaleur naturelle du sol, surtout au printemps, doit
« être de la plus haute importance pour la plante qui s'é-
« lève, lorsque les feuilles se sont développées, le sol est
« ombragé; et toute influence préjudiciable pouvant résul-
« ter, dans l'été, d'une trop grande chaleur est entière-
« ment prévenue; de sorte que la température de la su-
« perficie, lorsqu'elle est nue et exposée aux rayons du
« soleil, donne au moins une indication des degrés de la
« fertilité, et le thermomètre peut quelquefois être un in-
« strument utile pour celui qui achète ou fait valoir des
« terres, etc. » (*Chimie agricole.*)

Il résulte de la revue ci-dessus des propriétés physiques
des sols relativement à la chaleur et à l'humidité, et de
l'action de l'eau pour les échauffer ou les refroidir, qu'il
existe une très-grande différence entre les propriétés des
corps fluides et des corps solides. Il paraît que l'eau absorbe rapidement la chaleur; mais elle ne peut la faire
descendre qu'en descendant elle-même en terre. La chaleur qu'elle reçoit des rayons solaires est de nouveau pro-

jetée dans l'atmosphère par l'irradiation, et elle se combine avec la vapeur lorsqu'elle demeure stagnante à la superficie ou près d'elle, tandis que les substances solides distribuent la chaleur qu'elles absorbent à tout ce qui les entoure, dans toutes les directions (quoiqu'à différents degrés de rapidité), ainsi qu'à l'atmosphère. Il faut encore prendre note d'un autre effet important provenant de la force d'irradiation des solides. A mesure que le soleil incline à l'horizon, la couche superficielle de la terre devient plus froide que l'atmosphère, ce qui amène l'épanchement de la rosée. L'affinité des matières terrestres avec l'humidité leur permet d'absorber et de réparer en partie, pendant la nuit, la perte d'humidité qui a eu lieu pendant le jour. L'eau fait aussi puissamment irradier la chaleur; mais elle n'attire pas à elle l'humidité, si ce n'est dans des circonstances très-particulières et très-rares : de là, conséquemment, l'avantage du *drainage*. Ces importants procédés, à savoir l'absorption de l'humidité et l'irradiation de la chaleur, auront lieu plus ou moins fortement, proportionnellement aux qualités inhérentes du sol, à son état de préparation mécanique et à la juste distribution de son eau.

Cause et action physique de la rosée.

On ne connaît pas la quantité d'humidité attirée de l'atmosphère sous forme de rosée ; mais la cause et la plupart des lois de sa formation, de son épanchement et de son action physique nous ont été découvertes par les travaux du savant docteur Wells, dont les expériences et l'essai à ce sujet sont presque sans parallèle dans les annales de la science, comme exemple d'habiles recherches et de profondes inductions. Avant les expériences concluantes de cet admirable philosophe, on regardait la formation de la rosée comme la cause du froid que l'on observait avec elle ; il avait eu d'abord la même opinion.

Mais, dit-il : « Je ne tardai pas, après le cours régulier
« de mes expériences, à avoir des raisons de douter de
« l'exactitude de cette hypothèse. Je trouvai que des corps
« devenaient plus froids que l'air sans avoir reçu la rosée,
« et lorsque la rosée s'était formée, en faisant des compa-
« raisons à divers moments, sa quantité et le·degré de
« froid qui se montrait avec elle étaient très-loin d'être
« toujours ensemble dans la même proportion. La fré-
« quence de ces observations m'a enfin convaincu de mon
« erreur et m'a amené à conclure que la rosée est le pro-
« duit d'un froid antérieur sur les substances qui en sont
« imprégnées. Le froid qui produit la rosée est lui-même
« produit par l'irradiation de la chaleur provenant des
« corps sur lesquels est déposée la rosée. »

Il a été découvert ainsi qu'un *effet* avait été erroné-
ment pris pour une *cause*, et l'explication des divers phénomènes ayant trait à ce sujet donné par la présente théorie est depuis restée démontrée, et elle est tenue pour
incontestable.

Outre la détermination de la cause immédiate de la
rosée, le docteur Wells a constaté, entre autres phénomènes
affectant la température des sols, que l'attraction de substances pour l'eau « n'est pas exactement proportionnée à
« leur force d'irradiation et que la formation de la rosée
« ne produit pas le froid ; mais, comme toute précipitation
« d'eau de l'atmosphère, elle produit la chaleur. »

La terre devenant plus froide que l'atmosphère dans les
nuées de rosée, à cause de sa force d'irradiation, et l'humidité suspendue dans cette dernière étant à la température
atmosphérique, la rosée est chaude à l'égard de la superficie
de la terre. Si ce travail réchauffant ne neutralisait pas par
antagonisme, dans les nuits sans nuages et sereines, la rapide déperdition de calorique par la terre au moyen de
l'irradiation, il est probable que la température du sol serait

déprimée, en l'absence du soleil, d'une manière plus considérable qu'elle n'est élevée en sa présence, et que les
extrêmes du chaud et du froid ou les vicissitudes de la
température pendant vingt-quatre heures pourraient être
assez considérables pour détruire la vie végétale pendant
l'été. Le docteur Wells pourrait aisément se convaincre
de la supériorité du froid de la superficie de la terre dans
des nuits claires relativement au froid atmosphérique. La
gelée blanche, qui est la rosée gelée, se forme souvent sur
l'herbe lorsque le thermomètre, dans l'air, indique une
température de quelques degrés au-dessus de la glace : ce
phénomène démontre que la terre ou les feuilles des
plantes étaient plus froides que l'atmosphère et au-dessous
de la glace, lorsque la rosée est tombée. Au Bengale, on se
procure, ou l'on se procurait artificiellement, de la glace
en grande quantité et avantageusement en exposant l'eau
au ciel dans des vases de terre poreuse placés dans des
mares. On a remarqué que la différence de la température
entre l'air et l'eau au moment de sa congélation, dans des
nuits claires et sereines, était de 14° et même de 16°. L'air
près de la terre doit avoir alors une température d'environ
46 à 48°. Il semblerait que le génie de Davy avait presque
deviné le mystère de la formation de la rosée même avant
que le docteur Wells eût révélé complétement son unique
et véritable cause, ainsi que cela résulte de cette profonde
observation.

« Le pouvoir des sols, pouvoir d'absorber l'eau de l'air,
« se rattache beaucoup à la fertilité. Lorsque cette force
« est grande, la plante reçoit de l'humidité pendant la sé-
« cheresse, et l'effet de l'évaporation dans le jour est neu-
« tralisé par l'absorption de la vapeur aqueuse de l'at-
« mosphère, par les parties *intérieures* du sol, pendant le
« jour, et pendant la nuit par les parties *intérieures* et
« *extérieures*. » (*Chimie agricole.*)

Si un sol est suffisamment perméable à l'air et s'il n'est pas saturé d'eau, il est en état de recevoir une nouvelle humidité de l'atmosphère, véhicule d'humidité constante et inépuisable; si la température d'un sous-sol assez poreux est au-dessous du point de rosée, comme cela arrivera fréquemment pendant une partie du jour dans l'été, le dépôt de la rosée aura lieu « dans les parties intérieures « du sol pendant la journée, » en même temps que l'extérieur ou la superficie du sol pourra projeter, dans l'atmosphère, de la chaleur et de l'humidité. Cela tient évidemment aux températures et degrés relatifs de réplétion aqueuse de l'air et du sous-sol dans un temps donné, et indépendamment de la puissance hygrométrique de ce dernier, puissant auxiliaire pour l'acquisition et la rétention de l'humidité atmosphérique par le sol, surtout dans sa partie intérieure. Ainsi, il est évident que les sols n'acquièrent pas l'humidité sous forme de rosée pendant la nuit seulement, et que cette humidité n'est pas limitée à la superficie de la terre; et il a été démontré que l'épanchement de la rosée ne peut pas avoir lieu sans que la chaleur se communique à la substance qui la reçoit. De là, l'importance d'une pulvérisation suffisante pour permettre que les parties intérieures du sol reçoivent et changent d'air. On peut aussi présumer que l'un des plus avantageux effets du *drainage* vient de ce qu'il facilite l'accès et le changement d'air jusqu'au fond même du lit; car, proportionnellement à la déperdition d'eau, l'air entrera, et, *pari passu*, il occupera la place laissée vacante par l'eau. Tout fermier observateur doit avoir remarqué que la somme de rosée épanchée pendant la nuit varie beaucoup sur différents sols en jachère, et encore plus sur les feuilles de différentes plantes. Les sols bien pulvérisés attirent bien plus de rosée que les sols serrés et compactes; attendu que l'irradiation de la chaleur s'effectue plus largement sur les surfaces très-divisées que sur les surfaces unies. Les sables paraissent être de puissants attracteurs, et dans quelques pays on dépend entièrement de l'épanchement nocturne de la rosée pour l'alimentation de la végétation. Un exemple extrême de ce que l'élément aqueux dérive de la rosée seule et de ses qualités très-fertilisantes résulte du fait que dans les plaines sablonneuses du Chili la pluie tombe rarement; cependant ce sol, qui, en d'autres circonstances, serait stérile, est conservé dans un état productif par les forces actives de l'irradiation et de l'absorption. La température du sol est modérée, pendant que dure l'action du soleil, par la grande quantité de chaleur enlevée et combinée avec la vapeur; tandis que l'humidité épuisée est remplacée par la rosée qui tombe pendant les nuits resplendissantes de cette région tropicale. On cite la belle croissance d'arbres, en Afrique, dans des terres sablonneuses, sans aucun rafraîchissement par la pluie, des sources ou des écoulements d'eau artificiels; tandis que des sols d'une autre nature, sous la même latitude et dans un rayon peu éloigné, ont besoin d'irrigation pour pouvoir soutenir la vie végétale.

C'est aux rosées abondantes qu'en Angleterre on doit en partie attribuer la fertilité des prairies longeant les cours d'eau et les rivières. Dans le voisinage des courants d'eau, l'atmosphère se charge davantage de vapeur aqueuse que dans les terres élevées; comme l'air transporte et dépose cette humidité sur les champs voisins, elle se trouve condensée et précipitée, la nuit, par l'opération découverte et décrite par le docteur Wells. La structure infiniment divisée et filamenteuse des gazons, outre qu'ils demandent une nourriture aqueuse, les rend spécialement propres à être cultivés dans ces localités.

Il est à remarquer que les feuilles de différentes plantes semblent se prêter, de manières différentes, à recevoir la rosée et à en disposer. Un brin de gazon est quelquefois pailleté de gouttes de rosée, mais il est, d'ordinaire, mouillé sur toute sa surface par les gouttes qui courent se confondre, et il conduit ainsi l'eau jusqu'à la terre par petits filets ; tandis que les feuilles de chou, de trèfle, de nasturtium et de beaucoup d'autres plantes ramassent la rosée en globules distincts qui peuvent rouler sur la feuille sans avoir l'air de la mouiller. En effet, ces gouttes ne touchent pas la feuille ; elles reposent et perlent sur une couche d'air interposée entre elles et la substance de la feuille. On peut se procurer la valeur d'un verre à pied de rosée, de grand matin, en secouant les feuilles d'une seule tête de chou ; et il n'est pas rare de voir, dans des nuits très-brillantes, lorsqu'on s'applique à observer cet élégant et intéressant travail, la tendre feuille de trèfle incliner sous le poids de sa charge de cristal, la laisser tomber à terre, et recommencer sur-le-champ à accumuler de nouveaux globules. Dans le laps de trois ou quatre heures, on pourrait voir la même feuille se charger et se décharger ainsi de sa rosée. La diminution graduelle du volume de ces gouttes d'eau par l'évaporation, à mesure que le soleil se fait sentir, semble être un moyen prévu par la nature pour disposer les plantes à soutenir sans dommage les rayons toujours plus ardents du soleil ; c'est généralement après des nuits où la rosée est tombée copieusement que les matinées ont le plus d'éclat, et que la chaleur du soleil a le plus d'intensité. Les feuilles et les fleurs concaves et horizontales paraissent garder tout ou presque tout leur approvisionnement de rosée pour leur usage spécial, comme si ce rafraîchissement leur était plus salutaire, ainsi employé, que s'il eût inondé leurs racines.

La croyance populaire repose souvent sur l'observation exacte, et souvent aussi la sage pratique devance la science. Il arrive, d'habitude, aussi, que l'évidence des vérités pratiques est reçue avec scepticisme, parce que nous ne pouvons pas immédiatement interpréter la nature, ni bâtir une théorie, ni trouver une explication satisfaisante de l'origine de phénomènes particuliers. Aussi, la découverte des causes est-elle de la plus haute importance pour les arts ; et une bonne théorie accélère si rapidement, étend et perfectionne si bien une sage pratique, que nous ne saurions trop l'exalter. Cette vérité reconnue, et la rareté de l'essai du docteur Wells nous justifient, du reste, de faire mention des phénomènes expliqués par sa théorie de la rosée. Quoique cette théorie de la rosée n'affecte pas le sol lui-même, elle n'est pas sans intérêt pour les cultivateurs du sol. « La pure mention de cet article, dit le docteur « Wells, pourra prêter à rire : on veut ici montrer de « quelle manière l'exposition de substances animales à la « lumière de la lune continue à promouvoir leur putré- « faction.

« Je ne sache pas positivement qu'une semblable opi- « nion existe aujourd'hui ailleurs que dans les Indes « occidentales ; mais je conclus, d'après diverses circon- « stances, qu'elle existe aussi en Afrique, et que de là elle « a été portée par les esclaves noirs en Amérique. Cette « opinion a été professée par des personnages aussi distin- « gués qu'intelligents parmi les anciens. Pline affirme « qu'elle est vraie, et Plutarque, après en avoir fait un sujet « de discussion dans une de ses symposies, l'admet pour « bien fondée.

« Les rayons de la lune ne communiquant pas une cha- « leur sensible aux corps sur lesquels ils tombent, il paraît « impossible qu'ils facilitent directement la putréfaction ; « mais cependant une raison pour leur attribuer ce pou- « voir peut découler de ce que ces rayons étant reçus par « des substances animales au moment même où se mani- « feste une cause réelle, mais généralement non remarquée,

« de putréfaction dans les climats chauds (et c'est dans
« ces seuls climats que cette opinion a prévalu), cette
« cause cesse d'agir aussitôt que le clair de lune est
« absent.

« Les nuits dans lesquelles brille un beau clair de lune
« doivent nécessairement être claires, et les nuits claires
« sont presque toujours calmes. Une nuit éclairée par la
« lune est dès lors une nuit dans laquelle il y a abondance
« de rosée : de là, ces expressions « *roscida* » et « *rorifera*
« *luna* » employées par Virgile et Stace ; de là aussi l'opi-
« nion accréditée, à ce qu'il paraît, d'après Plutarque,
« même parmi les philosophes anciens, que la lune com-
« munique l'humidité aux corps exposés à sa lumière.

« Les substances animales sont celles qui reçoivent
« la rosée en la plus grande quantité : à cet effet, il faut
« qu'elles deviennent préalablement plus froides que
« l'atmosphère ; ayant joint l'humidité de la rosée à la leur
« propre, ces substances seront, le lendemain, dans
« l'état que l'expérience a prouvé être favorable à la putré-
« faction, surtout dans les climats chauds.

« La cause immédiate assignée ici pour la putréfaction
« des substances animales qui ont été exposées au clair de
« lune dans un pays chaud est celle donnée par Pline et
« Plutarque ; mais ils ont attribué l'origine de cette cause
« immédiate, l'humidité additionnelle, à la qualité humi-
« difiante particulière qu'ils ont supposée à cet astre. Cette
« fausse théorie a probablement contribué à discréditer,
« chez les modernes, la circonstance qu'elle servait à
« expliquer. » (*Essai sur la rosée.*)

L'opinion que des nuits éclairées par la lune, ou claires
et signalées par la rosée, avancent le travail de la putréfaction, n'est pas entièrement limitée aux anciens ni aux
climats des tropiques, comme l'a supposé le docteur
Wells. Il est bien ordinaire, en France, parmi les petits

fermiers des campagnes, près Paris, dont les maisons sont généralement entourées par de petites pièces de terre non closes et portant différentes récoltes avec un tas de fumier ordinairement contigu à chaque maison, qu'une forte puanteur prévient le passant de l'extrême activité du travail de putréfaction s'opérant dans ces parages. Si l'on demande aux paysans comment il se fait que, certains matins, l'odeur était si fétide, ils vous répondent : Cela tient à la rosée de la nuit dernière ; mais aucun d'eux n'a mis cela sur le compte du clair de lune.

La connaissance de tout ce qui est nécessaire pour la préparation et le traitement du fumier est encore à trouver en agriculture; on a surtout besoin des moyens d'accélérer et retarder à volonté la marche de la putréfaction. L'étude de cet art est certainement digne de la plus grande attention ; elle exige des expériences plus exactes que celles faites jusqu'à ce jour. Une toiture mobile pourrait être utilement superposée sur la mare ou le tas de fumier, afin de maîtriser les agents météorologiques, l'air, la chaleur et l'eau. Chacun de ces agents participe au travail, et plus souvent au préjudice qu'à l'avantage de cette espèce d'engrais que le fermier fait chez lui et qui est le plus naturel de tous s'il n'est pas le meilleur.

« J'ai souvent, dit le docteur Wells, dans l'orgueil du
« demi-savoir, souri en voyant les moyens qu'emploient fré-
« quemment les jardiniers pour protéger contre le froid les
« plantes sensibles ; il me semblait impossible qu'une natte
« mince ou toute molle substance de cette nature pût em-
« pêcher les plantes d'atteindre la température de l'atmos-
« phère par laquelle seule je les croyais susceptibles d'être
« blessées. Lorsque j'ai su que les corps, sur la surface de
« la terre, se refroidissent pendant une nuit sereine, et
« deviennent plus froids que l'atmosphère, parce que leur
« chaleur rayonne vers les cieux, j'ai alors compris le juste

« motif de la pratique que j'avais auparavant considérée
« comme inutile.

« J'ai appris par expérience qu'une certaine différence
« de température était toujours observée, dans les nuits
« sereines, entre les corps abrités du ciel par les substances
« qui les touchent, et de semblables corps abrités par une
« substance un peu au-dessus d'eux. Peut-être, ajoute-t-il,
« l'expérience a-t-elle depuis longtemps appris aux jardi-
« niers le grand avantage qu'il y avait à garantir les végé-
« taux sensibles contre le froid des nuits claires et calmes,
« au moyen de substances qui ne les touchent pas directe-
« ment, quoique je ne me rappelle pas avoir vu que l'on
« ait tâché de tenir les nattes ou tous corps semblables à
« distance des plantes qu'ils devaient protéger. »

On a l'habitude, en France, de couvrir les végétaux trans-
plantés avec du linge placé sur des bâtons à 2 pieds d'élévation jusqu'à ce que les tendres plantes aient jeté des racines suffisantes, et qu'elles soient assez fortes pour supporter l'exposition complète à la chaleur du soleil et à la
fraîcheur de la nuit.

Ne serait-il pas possible, dans l'intérêt de l'agriculture,
de protéger ses pommes de terre, ses navets, ses betteraves,
ou toutes autres racines contre la gelée, au moyen d'étoffes
portatives imperméables étendues à une hauteur convenable, au lieu de les couvrir de terre, de paille, etc. ?

Lorsque les substances se touchent, la chaleur est écon-
duite de la masse, et elle se perd, en définitive, dans l'air ;
le froid arrive, et les racines sont gelées. L'expérience mérite d'être faite.

M. Graburn parle d'un phénomène remarquable qui se
rattache à la gelée blanche : il est peut-être connu généralement des fermiers ; s'il ne l'est pas, il sera utile de le men-
tionner. Il a remarqué que le passage d'un troupeau de
moutons sur un champ de trèfle couvert de gelée blanche,

surtout du jeune trèfle de printemps, est certainement suivi par la destruction de toute feuille foulée par ces animaux ; il ajoute qu'on pourrait découvrir la trace des pas d'un homme sur un champ de trèfle couvert de gelée blanche, le lendemain à midi, l'herbe étant fanée sur son passage.

Sachant positivement que la gelée blanche est une grande protection pour la feuille contre tout nouveau refroidissement, nous pourrions être disposés à attribuer la mort de la feuille indirectement à l'enlèvement de la gelée blanche ; mais il est possible que la cause immédiate soit purement mécanique, et que la feuille soit fanée par suite de l'effet direct de la foulure, lorsque les feuilles sont assez cassantes pour pouvoir être brisées par un poids suffisant qui les foulerait. On connaîtrait peut-être la cause en vérifiant si la feuille, sans avoir été foulée, viendrait à périr par le seul fait de l'enlèvement de la gelée blanche.

Expériences sur la température des sols.

Expériences de Schübler. — Ce sujet paraît avoir exercé l'attention de plusieurs philosophes allemands, qui l'ont traité avec la minutie habituelle qui dirige leurs recherches. Les inductions tirées par le professeur Schübler de ses expériences dans le laboratoire confirment généralement celles de Davy et de Leslie ; elles sont cependant surtout d'une nature élémentaire, quoique plus larges et plus précises, peut-être même plus soignées que celles des chimistes anglais. Les pages de son précieux traité laissent voir presque les mêmes lacunes que les ouvrages de ces deux savants en ce qui touche les expériences pratiques usuelles sur le lit du sol.

Nous admettons la vérité du paragraphe final du professeur, à savoir :

« Tels sols peuvent être fertiles dans un pays, qui ne le

« sont pas dans un autre, sous l'influence de circonstances
« externes. »

C'est la différence de ces conditions externes, c'est-à-dire
des conditions météorologiques de la surface de notre globe,
qui rend évidemment inapplicables à tous les climats des
systèmes identiques de culture et d'aménagement ; c'est
cette même différence aussi qui doit indiquer clairement à
l'agriculteur que, s'il veut tirer des déductions utiles des
expériences sur la température du sol, ces expériences doivent être faites sur son propre sol ou sur des sols placés
dans les mêmes circonstances. En Angleterre, on a, généralement parlant, un excédant d'humidité accompagné
d'une chaleur solaire basse et capricieuse. L'objet élémentaire à démontrer est que, en ouvrant à l'eau un libre passage à travers le sol, la plus grande chaleur de la surface
peut être conduite en bas, et la température annuelle moyenne
de la masse du sol peut être élevée d'une manière permanente. Cette doctrine et l'effet de l'enlèvement de l'excédant d'eau sont bien décrits par Schübler dans la section
où il traite *de l'influence de l'humidité sur l'échauffement des
sols*. Il dit « que la dépression de la température provenant
« de l'évaporation de leur eau s'élève à 11° 1/4 ou 13° 1/2
« Fahr. » Dans la dixième section, qui traite *de l'aptitude
des sols pour développer la chaleur en eux-mêmes lorsqu'ils
sont mouillés*, on trouve le passage suivant :

« La pluie qui tombe dans les chaudes saisons est de
« plusieurs degrés plus froide que le plus bas stratum de
« l'atmosphère et de la surface supérieure de la terre qu'elle
« mouille, de sorte que la terre, dans le temps chaud, de-
« vient plutôt refroidie qu'autre chose. »

Cette observation pourrait paraître militer contre la doctrine avancée ici, que la masse du sol est échauffée par la
pluie lorsqu'on l'y laisse pénétrer ; mais cette opinion s'éva-
nouit après plus profond examen, et en se référant aux ex-

périences de Schübler sur la température des sols à Tubingue et à Genève.

A Tubingue, ses expériences avaient pour but la vérification de la température moyenne la plus élevée de la terre par un thermomètre placé à la surface, « la tige n'é- « tant couverte que d'un douzième de pouce de haut. Ces « observations ont eu lieu par un temps parfaitement beau, « entre midi et une heure, lorsque le temps était très-beau « à cette heure du jour. »

Il a paru que pendant les six mois les plus chauds, d'avril à septembre inclusivement, la température moyenne de la surface a été de 131° 4. Il est évident que, si la pluie tombait sur la terre au moment où elle est si échauffée, la surface en serait refroidie; mais il est également évident que les *substrata* (sous-couches) seraient échauffés. La température de l'atmosphère à l'ombre, qui a été également enregistrée à la même heure, était de 70° 4; celle de la pluie, s'il avait plu alors, eût été à peu près la même. Ainsi la pluie, en touchant la terre, acquerrait une température d'environ 100°, et elle communiquerait la chaleur, en descendant, aux portions inférieures du sol possédant une température plus basse.

Les expériences faites à Genève en 1796 donnent la chaleur moyenne du sol à sa surface à 3 pouces et à 4 pieds au-dessous. Les observations ont eu lieu tous les jours par toüs les temps, et conséquemment, comme dit le professeur, par un temps variable. La température moyenne constatée pendant les six mois correspondants de l'année ci-dessus mentionnée a été :

A la surface. . . . . 86°,7
A 3 pouces au-dessous. . . . . 69°,8
A 4 pieds au-dessus. . . . . 60°
Température de l'air à l'ombre.. . . . . . 59°,7

Sur ces résultats, l'auteur a observé :

« L'élévation de la température par les rayons du soleil
« était considérablement moindre (qu'à Tubingue), suivant
« le terme moyen résultant de ces observations, parce que
« la température de la surface supérieure de la terre, dans
« des jours nuageux et pluvieux, s'accorde souvent exacte-
« ment avec celle de l'air ; mais, d'un autre côté, elles
« nous donnent plus exactement la température moyenne
« du sol à quelque profondeur. »

Ces expériences dénotent que, si la température moyenne
de la pluie, pendant les six mois, s'accordait avec celle
de l'air, elle recevrait, en touchant la terre, une augmentation de 13° 1/2 de chaleur, et elle tomberait à une température de 3° 4 plus élevée que celle du sol à 3 pouces de
profondeur, et de 13° 2 plus élevée que celle du sol à
4 pieds au-dessous de la surface, ce qui fournirait en même
temps de la chaleur et de l'humidité au sous-sol. Son tableau démontre aussi que, sur la moyenne de toute l'année,
l'augmentation de température donnée au sol par la pluie
aurait été de 2° 4 à 3 pouces, et de 6° 1 à 4 pieds de profondeur. En conséquence, la remarque de Schübler « que
« la terre, dans un temps chaud, est plutôt refroidie qu'au-
« trement par la pluie, » n'est applicable qu'à l'effet bien-
faisant produit sur sa superficie.

La section du traité de cet auteur sur « *l'influence de l'humidité pour échauffer les sols* » doit être jugée incomplète à
raison de l'absence de toute allusion à l'action réchauffante
de la rosée ; cette dernière, soit qu'on la considère comme
communiquant directement la chaleur à la surface du sol
nécessairement plus froide qu'elle au moment où elle
tombe, ou comme diminuant beaucoup l'irradiation de la
chaleur de la terre aux cieux, est un agent efficace pour
maintenir suffisamment de chaleur et d'humidité dans la
masse du sol.

Expériences de Parkes. — M. Parkes a fait des expériences dans une tourbière appelée *Red-Moss,* à cause de son
caractère semi-fluide. La profondeur du marais, à l'endroit où ont été disposés les thermomètres, était de près de
30 pieds ; sa température, à partir de 12 pouces au-dessous
de sa surface jusqu'au fond, était uniformément de 46°.
« Je n'ai jamais remarqué, dit-il, aucune variation dans
« les résultats donnés par les thermomètres placés à di-
« verses profondeurs pendant près de trois années d'obser-
« vations, si ce n'est dans l'hiver de 1836, où le thermo-
« mètre le plus voisin de la surface fléchit à 44° pendant
« quelques jours.

« J'appellerai tout spécialement, plus tard, l'attention sur
« cette uniformité de température dans la masse du marais
« naturel, parce qu'elle paraît confirmer avec certitude le
« fait que les températures plus élevées, marquées par les
« thermomètres dans le sol marécageux cultivé, n'étaient
« dues qu'au changement opéré dans sa condition méca-
« nique, et à l'éloignement de l'eau stagnante. Il n'y avait
« pas de sources, autant que j'ai pu le constater, dans ce
« marais ; je n'ai pas pu voir si l'eau venait du fond de
« quelque coupure ou tranchée y pratiquée. Le sous-stra-
« tum sur lequel le marais s'était accumulé et reposait se
« composait d'une marne blanche, rétentive, abondamment
« mêlée de gravier de pierre de chaux. La température de
« l'eau tirée du fond d'une mine de charbon contiguë au
« marais, à 300 pieds de profondeur, était de 54° ; celle
« d'un puits artésien près de la maison, à 160 pieds de
« profondeur, était invariablement de 52°.

« L'exposition du lit où l'on avait plongé les thermomè-
« tres était parfaite ; il n'y avait pas de buisson plus élevé
« qu'une touffe de bruyère dans un rayon de 1 kilomè-
« tre 1/2 ; en conséquence, pas un rayon de soleil ; pas
« une petite partie de chaleur ne pouvait être interceptée

« (si ce n'est par les nuages) entre le lever et le coucher
« du soleil.

« La préparation du lit était comme suit : la surface avait
« été labourée, en 1836, par la charrue à vapeur, à une
« profondeur de 9 pouces, et bien pulvérisée; une pièce
« de terre d'environ 216 mètres carrés, en dehors des
« tranchées, avait été divisée en douze lots destinés à la cul-
« ture expérimentale; chaque lot avait 6 mètres de longueur
« sur 3 mètres de largeur : chacun était isolé de son voi-
« sin et du marais environnant par une tranchée ouverte
« de 24 pouces de largeur en haut, 12 pouces au fond, et
« de 36 pouces de profondeur. Avant l'ouverture de ces
« tranchées, ce lot de terre avait été entouré par une tran-
« chée, pour l'épuisement de l'eau, de 38 pouces de pro-
« fondeur, communiquant avec une tranchée principale
« de 40 pouces de profondeur. La surface pulvérisée a été
« amoncelée en un tas; le lot a été creusé à la profondeur
« de 3 pieds; les tranchées intermédiaires ont été ouvertes,
« et le sol superficiel replacé. Il est resté dans cet état pen-
« dant l'hiver de 1836 et 1837. » Il y avait cinq thermomètres; chacun était enfermé, dans toute sa longueur que
renfermait la terre, dans un tube de fer ouvert au fond
avec des trous perforés autour de la tige; ils étaient fermement reliés ensemble par des crampons de fer. Le tout
formait un encadrement portatif et solide. Les tiges de verre
ressortaient de terre de 10 pouces; elles étaient protégées
contre le vent ou les accidents par un châssis de métal portant les échelles divisées par degrés et dixièmes. Un trou
ayant été creusé au centre d'un des lots, on y a placé le ca-
dre : on l'a disposé dans la ligne du méridien, de telle sorte
que les tiges de verre au-dessus du sol projetassent le moins
d'ombre possible à midi. Le sol a été replacé soigneusement
autour des thermomètres, de manière à conserver autant que
possible l'ordre de sa contexture et de sa consistance dans

toute la masse du lit ; en même temps, un thermomètre nu a été enterré à la profondeur de 7 pouces dans le marais naturel voisin. On a commencé, le 7 juin 1837, à tenir note exacte des indications, désirant que les thermomètres fussent préalablement bien établis dans le sol et arrivassent à ce que l'on peut appeler un véritable état actif.

Il faut ajouter que sur le lit en question il n'avait été déposé aucune espèce de semence, et qu'il n'y venait aucune plante quelconque. On voulait constater d'abord l'influence des rayons du soleil, de la pluie, de la rosée, et d'autres agents atmosphériques sur le sol naturel nu, et ensuite, avec d'autres appareils de thermomètres, arriver à la connaissance de l'effet qui pourrait être produit sur la température de ce sol par le mélange de l'engrais et d'autres substances étrangères. On verra, plus tard, si c'est le mode convenable de procéder ; mais il semblerait difficile de découvrir les véritables qualités caractéristiques, physiques d'un sol par un appareil employé au milieu d'un champ de blé : M. Parkes a trouvé désirable de tenter de découvrir les propriétés du sol naturel d'abord, et ensuite celles du sol mêlé, avant de procéder à la recherche des phénomènes semblables sur de pareils sols couverts de récoltes. Un expérimentateur industrieux pourrait faire, à la fois, toutes ces investigations ; car, après la disposition de ses rangées de thermomètres, il n'a plus qu'à observer et enregistrer.

« J'appellerai maintenant, dit-il, l'attention sur quel-
« ques déductions que nous sommes autorisés à tirer des
« résultats enregistrés au tableau ci-joint, quoique les ob-
« servations soient restreintes au court espace de douze
« jours.

« 1° La température constante du marais naturel, à par-
« tir de 12 pouces jusqu'à 30 pieds de profondeur, a été
« de 46°. Le thermomètre, planté dans cette substance à

1837 Juin	PROFONDEUR des TIGES DE THERMOMÈTRE au-dessous de la surface.					TEMPS DE L'OBSERVATION.	DIRECTION DU VENT.	Température de l'air à 4 pieds à partir du sol à l'ombre.	OBSERVATIONS.
	Pouc. 31.	Pouc. 25.	Pouc. 19.	Pouc. 13.	Pouc. 7.				
	temp.	temp.	temp.	temp.	temp.	Heure.		deg.	
7	46 ..	47 ..	48.4 ..	50. 50.5	52. 55.	9 A.M. 2 P.M.	S. O. par S. O.	.. ..	
8	.. ..	.. ..	.. ..	50. ..	51. 52.5	9 A.M. 2 P.M.	S. E. ..	.. ..	Jour froid.
9	46.1 ..	47.2 ..	.. 48.5	49 49.5	49. 52.8	9 A.M. 2 P.M.	E. O. S.O.	.. ..	Froid et brumeux. Clair et chaud,
10	46.2 ..	.. ..	48.6 ..	50 50.5	53 54	9 A.M. 2 P.M.	S. ..	.. 70	Pluie la nuit précédente. Soleil éclatant toute la journée.
11	46.3 .. .. 46.4	47.4 .. .. 47.5	.. .. 48.7 .. 48.8	51 52 .. .. 52.5 .. .. 52.3 52 51.5 .. 51.3 51.2	55. 56. 57. 57.5 58. 59.1 59. 57.5 57. 56. 55.5 55. 55.	9 A.M. 10 .. 11 .. Midi. 1 P.M. 2 .. 3 .. 4 .. 5 .. 6 .. 7 .. 8 .. 9 ..	.. ..	65 68	Dans la journée pas de nuages visibles. Bien plus chaud que le 10; mais malheureusement le thermomètre à air a été brisé à 10 h. du matin. La surface de l'eau au repos était de 60° à cette heure, la surface du lit de 75°.
12	46.5	47.4	..	51.	55.	9 A.M.	O. S.O.	..	Ondées chaudes.
13	46.8	48.	48.8	52.	59.	2 P.M.	O. S.O.	..	Chaud ; ondée à 11 heures du matin.
14	47.2	48.4	50.4	53.	60.4	Midi.	S.	..	Chaud et sec.
15	47.25	48.6	50.8	53.	57.6	9 A.M.	S. O.	..	Très-chaud; pas de nuages.
16	47.6 47.8 .. .. 47.9	49. 49.6 .. .. 49.8 .. 49.9	51.4 52. .. 51.8 51.9 52 52.5	54.2 55. .. 54 55 57 55.5	60. 63. 64. 62.5 65 66 63	9 A.M. 1 P.M. 2 .. 3 .. 3 1/4 3 1/2 4 ..	S. O. .. .. O. .. .. S.	69 72 74 73 76 72 68	Etouffant ; pas de nuages. Légères nuées élevées. Nuage épais sous le vent. Fort orage avec éclairs pendant 1/2 h. Température de la pluie 78°. Vapeur visible des étangs et des fossés. Soleil brillant.
17	48. 48.2	50. 50.1	52.8 ..	55.6 55.8	58. 60.4	9 A.M. 3 P.M.	S. ..	67 74	Belle matinée. Pas de nuages; chaleur.
18	48.25	50.2	..	55	56	10 A.M.	E par S	64	Brumeux.

« 7 pouces de profondeur, a indiqué constamment 47°
« pendant la durée des expériences.

« Le thermomètre, à 31 pieds de profondeur dans le
« lit travaillé, a exhibé un maximum de chaleur de 48° 1/4,
« ayant gagné graduellement 2° 1/4 ; et, en apparence, il
« montait encore. Le thermomètre, à 7 pouces au-des-
« sous de la surface, a atteint 66° après un orage, ce qui
« donne, pour maximum de l'augmentation, 19°, et sur
« une moyenne de trente-cinq observations de 10° au-
« dessous de l'autre thermomètre, à la même profondeur,
« dans le marais naturel. Nous avons ici la preuve satis-
« faisante que l'accession de la chaleur n'était due qu'à
« l'influence météorologique, c'est-à-dire à l'action de la
« surface, et non au sous-stratum, attendu que ce der-
« nier possédait invariablement une plus basse tempéra-
« ture qui devait tendre à diminuer plutôt qu'à aug-
» menter la chaleur définitivement acquise par le lit
« travaillé. Nous pouvons déduire sûrement de ces faits
« que l'origine de l'augmentation de la température doit
« être attribuée au changement apporté à la condition
« mécanique du sol par le *drainage* et la pulvérisation, at-
« tendu qu'il n'y a été fait d'autres changements que
« ceux de la division de sa *contexture* et du retrait de l'eau
« libre.

« 2° On peut encore conclure, d'après ce petit nombre
« d'expériences, que, dans le mois de juin, l'eau de pluie
« fait descendre la chaleur et élève la température du
« sous-sol, tandis que la déperdition de chaleur, par les
« strata plus près de la surface, est promptement réparée
« par les rayons du soleil ; l'inspection du tableau ne lais-
« sera dans l'esprit aucun doute sur la fidélité de ces in-
« ductions. Il paraît qu'à 7 pouces de profondeur la tem-
« pérature du sol était sujette à des augmentations et
« diminutions journalières considérables, et cela d'un jour

« à l'autre , suivant l'état du temps. Ces variations étaient
« moins sensibles à de plus grandes profondeurs ; à
« 31 pouces, l'augmentation seule se faisait sentir. La cha-
« leur est conduite en bas si lentement par tous les corps,
« et surtout par les substances humides, que l'eau de pluie
« semblerait (lorsqu'on là laisse imbiber le lit) être l'agent
« le plus actif de la propagation de la chaleur au sous-sol.
« Aussi trouvons-nous que les thermomètres, plus bas, in-
« diquent la survenance de chaleur plus rapidement après
« la pluie que dans la sécheresse ; et si la pluie était tombée
« avec plus de continuité, au lieu de courtes ondées, il est
« probable que les thermomètres inférieurs auraient été
« affectés bien plus rapidement, et qu'ils auraient indiqué
« des températures plus élevées, parce qu'on n'avait pas
« vu l'eau passer à travers le sol pour se rendre dans la
« tranchée. »

Le 11 juin, j'ai pu consacrer une journée entière à
l'examen des thermomètres ; les résultats sont intéressants
en ce qu'ils prouvent la fermeté des accroissements et décroissements de chaleur pendant une journée sans nuages,
et en ce qu'ils dénotent la période de maximum de température atteint par le thermomètre, à 7 pouces, vers deux
heures de l'après-midi.

Le 16, j'avais prévu la probabilité d'un orage et je m'étais
empressé de courir à mes thermomètres pour en observer
l'effet. Il est digne d'observation qu'après que la température du sol, à 7 pouces de profondeur, eut atteint son
maximum sous l'empire des circonstances de la journée, il
fut ensuite élevé de 3° 1/2 par la pluie. Il est à remarquer
aussi que , une demi-heure après l'orage, le soleil brillant
de nouveau avec éclat, et l'évaporation étant visiblement
grande à la surface, la terre, à la même profondeur, avait
perdu 3° de sa température la plus élevée : ce qui montre la
rapidité avec laquelle la chaleur est enlevée par l'eau dans

sa transformation en vapeur. Il aurait été très-intéressant de connaître, par d'autres thermomètres, la température de la surface lorsque cet orage a éclaté : car la transition d'un soleil brillant à une forte pluie a été presque instantanée ; mais je n'avais pas suffisamment de ces instruments.

Un effet important , que l'on pourrait constater sur tous les sols convenablement préparés pour recevoir la chaleur et l'eau, et permettre leur descente , tient à la préparation du lit, à savoir la transmission d'accroissement de chaleur de haut en bas continue pendant l'après-midi et durant la nuit , tandis que les superstrata (couches supérieures), et surtout à partir de 7 pouces en haut, perdent une certaine quantité de leur chaleur par la transmission en haut et l'irradiation dans l'air.

Le contraire peut arriver pendant les froides saisons de l'année; alors la chaleur, accumulée et comme emmagasinée dans le sous-sol, en serait tirée comme d'un réservoir ; et elle suppléera une partie de la déperdition qui se fait alors plus librement près de la surface. Les expériences rapportées ne peuvent être regardées que comme une légère contribution à notre fond de savoir à ce sujet, dont la recherche mérite d'être commencée *de novo*, pour être poursuivie simultanément, s'il est possible, par divers observateurs, et en faisant appel à toutes les ressources instrumentales que peut fournir l'état actuel de la science. L'énumération des phénomènes qui réclament l'attention, des méthodes que nous possédons ou dont nous avons besoin pour constater leur force ou mesurer leur importance , seront peut-être le mode de critique le plus simple et le plus utile.

Nous avons besoin de connaître :

1° La température des sols à des profondeurs accessibles et profitables à l'agriculteur : le thermomètre est suffisant pour indiquer la température. Il serait très-instructif et très-intéressant de constater, par des thermomètres enfoncés dans la terre, la température d'une masse de sol, avec ou sans tranchées, à des profondeurs différentes jusqu'à l'extrême profondeur de 6 pieds. Des thermomètres tenant par eux-mêmes registre des choses donneraient les températures au maximum et au minimum ; mais ces instruments rendent l'observateur paresseux : ils ne donnent pas de renseignements sur les périodes des vingt-quatre heures, lorsqu'il y a maximum et minimum ; ils n'enregistrent pas les variations continuelles des accroissements et décroissements de chaleur à diverses profondeurs, suivant les influences des rayons du soleil, ou des nuages, de la pluie, du vent, et d'autres variations atmosphériques qui doivent être soigneusement et fidèlement enregistrées.

2° La température de l'air, à l'ombre, près de la terre.

3° La pression de l'air. Le baromètre suffit pour cet objet.

4° La température de la pluie.

5° La quantité de pluie : on la constate par la jauge-pluie.

6° La quantité d'eau passée par le *drainage* d'une certaine étendue de terre, afin de la comparer avec la pluie constatée tombée à sa surface.

Il est beaucoup de situations où cet objet pourrait être accompli moyennant de légères dépenses. La connaissance de ces faits ouvrirait à nos yeux un nouveau chapitre du livre de la nature. Tout ce qui a été écrit touchant la quantité d'eau chassée de la terre est trop hypothétique et futile pour mériter autre chose qu'une allusion passagère.

7° Le point de rosée à déterminer à différents moments du jour et de la nuit.

8° La quantité de rosée déposée.

Nous ignorons tout à fait la quotité de cet article dans le laboratoire fécondant de la nature ; et, quoique sachant toute la difficulté de constater le fait, il n'y a pas de raison de désespérer de surmonter cette difficulté , si l'attention de toutes les capacités qui se consacrent actuellement à l'étude de la science météorologique pouvait se concentrer sur la construction d'un instrument spécial.

9° La condition hygrométrique du sol : par ce terme, on entend la quantité d'humidité que peut contenir un sol à tous moments. Dans un sol bien desséché par le *drainage*, cette quantité dépendra de sa nature spongieuse ou hygrométrique ; si , à l'aide d'un instrument , on pouvait parvenir à indiquer, par la simple insertion et inspection, l'humidité de la terre entre les extrèmes de la sécheresse parfaite et de la saturation aqueuse, de même que le thermomètre découvre la chaleur de la température, nous posséderions alors deux moyens bons et suffisants de constater promptement les principaux phénomènes dont dépend la température des sols. Nous aurions ainsi des témoignages qui contribueraient puissamment à expliquer certaines causes et certains degrés de fertilité, et nous nous trouverions armés peut-être d'un moyen expéditif de décider des assistances que peut exiger un sol donné pour augmenter ses propriétés fructifiantes et sa force.

Passons maintenant à quelques observations démontrant clairement la nécessité de dessécher les sols qui retiennent l'humidité, en soumettant à la mesure du calcul arithmétique la quantité d'eau de pluie qui est évaporée annuellement hors de la masse du sol « à des profondeurs accessibles au cultivateur, » et la quantité qui s'infiltre dans les sols poreux, ou qui doit demeurer stagnante dans les sols qui gardent l'eau.

De la quantité d'eau de pluie comparée à la quantité d'eau évaporée du sol, ou qui s'est infiltrée dans le sol.

Nous devons à M. John Dickinson , l'éminent fabricant

de papier en Angleterre, l'enregistrement ou la note exacte, pendant huit années, de la quantité de pluie tombée dans sa localité [1], et de la quantité que l'on peut présumer avoir traversé le sol. La première donnée est déterminée par la jauge-pluie ordinaire ; la deuxième, par une jauge inventée, il y a plusieurs années, pour cet objet spécial, par l'illustre docteur Dalton. Nous obtenons ici, d'une manière très-inattendue (en ce qui touche les faits et la portée étendue des observations), des démonstrations expérimentales des choses désirées nos 5 et 6 [2].

La construction de la jauge-pluie n'a pas besoin de remarque, et la jauge Dalton est également simple ; elle se compose d'un cylindre ouvert par en haut, ou récipient de pluie, enfoncé verticalement dans la terre au niveau de sa surface, ayant un faux fond perforé de trous comme une passoire, qui soutient 3 pieds de profondeur de sol dans le cylindre. A travers ce cylindre et par la passoire l'excédant de la pluie ou la portion non évaporée filtre jusqu'au fond du vaisseau : celui-ci communique, par le moyen d'un petit tuyau, avec un tube vertical dont le diamètre a une certaine proportion définie avec celui du récipient ; il est assez enfoncé dans la terre pour avoir le haut presque de niveau avec le fond du récipient. De cette manière, toute l'eau qui filtre à travers le sol contenu dans le récipient de pluie coule dans le tube ; elle est mesurée par un liége qui porte une tige divisée et indique en parties de $\frac{1}{100}$ de pouce la quantité de pluie qui y est entrée. Le tube servant à mesurer a un robinet au fond, afin d'évacuer son contenu de temps à autre et d'amener l'échelle à zéro.

Le récipient de pluie de M. Dickinson a un diamètre de 12 pouces ; il a 36 pouces de profondeur jusqu'au faux fond ;

<hr>

[1] Abbot's Hill, comté de Herts.
[2] Voir page 10.

il avait été primitivement rempli du sol du pays, terre grasse, graveleuse sur laquelle il y avait eu constamment des prairies. Le contenu du récipient représente dès lors très-bien l'état naturel de ce sol, tandis que la jauge indique la quantité d'eau que doit faire couler une tranchée à la profondeur de 3 pieds. La proportion de cette quantité avec la pluie est obtenue par la comparaison avec la jauge-pluie ; leur différence donne la quantité évaporée avec l'aide de l'action d'herbes succulentes. Nous pouvons, dans ce moment, examiner l'intégralité de cette dernière quantité sous la pression d'évaporation.

Il sera intéressant et utile, pour les agronomes, d'apprendre le but que se proposait M. Dickinson, en sa qualité d'industriel, en constatant et enregistrant des phénomènes de cette nature. Comme il avait plusieurs fabriques sur la rivière Colne et ses tributaires, il lui importait de pouvoir calculer la force de l'eau sur laquelle il pouvait compter à différentes époques de l'année. Ayant remarqué qu'une période considérable s'écoulait après la pluie par suite de l'étendue de la stratification du pays avant que les sources en fussent affectées, il avait disposé une jauge-pluie et celle de Dalton pour aider son jugement à estimer l'importance et la durée de leurs cours selon la diversité des saisons et la force d'eau proportionnelle sur laquelle il pouvait compter. Ces notions enregistrées, combinées avec l'observation, lui ont permis de régler ses travaux de fabrication, et de prévoir le fond qu'il pouvait faire sur les cours d'eau, et jusqu'à quel point il avait besoin de l'assistance de la force de la vapeur pour exécuter ses contrats et engagements. Ceci est un exemple très-remarquable et honorable de l'application de la science météorologique à la pratique.

Ce n'est pas tout : les notions acquises à l'aide de ces instruments, et l'exposition des résultats de la pluie et de la filtration démontrés par eux, ainsi qu'une juste connaissance de la superficie et de la nature des sols du district (fournissant les cours d'eau, environ 120 milles carrés), ont permis à M. Dickinson, deux années plus tard, de démontrer qu'il était impraticable de réaliser le projet conçu de fournir à la capitale de l'eau que l'on voulait tirer de la vallée de la Colne. La mise à exécution aurait fait un tort irréparable aux propriétaires de fabriques, en même temps qu'elle eût été, selon toute probabilité, une spéculation manquée pour les capitalistes ; tels sont les fruits différents et souvent inattendus de la science exacte. La communication que M. Dickinson a faite de ses expériences à l'institution des ingénieurs civils, l'année dernière, a permis d'appliquer les faits acquis à la question du drainage agricole.

Le tableau nº 1 annexé contient les indications, par mois et par année, des deux jauges pendant les années 1836 à 1843 inclusivement ; celles de la jauge-pluie, suivant M. Dickinson, sont généralement corroborées par une autre jauge établie à une distance d'environ 11 à 12 kilomètres, par la compagnie du canal du grand embranchement. Le tableau nº 2 donne le résultat moyen des observations de huit années, pour chaque mois et toute la période, relativement à la profondeur de la pluie tombée à la surface, à la quantité qui a filtré par la jauge Dalton, et à celle qui s'est évaporée ou qui a été restituée à l'atmosphère sous forme de vapeur, avec deux colonnes pour indiquer la proportion, pour cent, de la filtration et de l'évaporation. Le tableau nº 3 met sous les yeux l'intégralité de la pluie tombée chaque année, avec le pour cent de filtration et d'évaporation. Le tableau nº 4 fait voir la quantité de pluie, et la proportion d'eau absorbée par la filtration et l'évaporation pendant les six mois les plus chauds et les six mois les plus froids de chaque année respectivement. A ce dernier tableau on a ajouté les colonnes indiquant le poids de la pluie en tonneaux par arpent ;

cette indication peut faire mieux comprendre cette quantité au fermier que ne le peut faire le mode ordinaire de supputation par pouce de profondeur. Au moyen de cette analyse par tableaux, nous aurons sous les yeux une claire exposition de phénomènes, suivant qu'ils peuvent être appliqués à l'agriculture.

Le premier fait important éclairci est celui que toute la pluie de l'année (c'est-à-dire environ 42 1/2 p. 100 ou 11 3/10 pouces sur 26 6/10) a filtré à travers le sol, et que la force d'évaporation annuelle n'équivaut qu'à l'absorption d'environ 57 1/2 p. 100 de l'intégralité de la pluie qui tombe sur une étendue donnée de terre, à 3 pieds de profondeur (tableau deuxième). Un examen plus approfondi nous apprend (tableau quatrième) que seulement 25 1/2 p. 100 environ de la pluie qui tombe de mars en octobre inclusivement retournent à l'atmosphère par l'évaporation dans la même période ; tandis que, d'avril à septembre inclusivement, l'évaporation est d'environ 93 p. 100. Il paraît, dès lors, qu'il y a une balance du côté de la pluie sur l'évaporation pendant les six mois les plus chauds ; nous ne trouvons que deux années, 1840 et 1841, pendant lesquelles il n'y ait pas eu de filtration pendant ladite période. Le deuxième tableau indique que, en août, le sol est dans l'état le plus sec ; mais, même dans ce mois, il y a eu quelques filtrations dans trois des huit saisons dont il a été pris note. On comprendra que, quoiqu'une balance approximative subsiste entre la pluie et l'évaporation pendant les six mois les plus chauds, dans une moyenne d'années, la condition hygrométrique du sol, c'est-à-dire son état d'humidité ou de sécheresse à une époque particulière, n'est pas indiquée par la jauge Dalton ; un sol peut être en état de sécheresse ou de saturation d'humidité, à différentes époques, pendant ces mois et suivant la saison.

TABLEAU N° 1, calculé en pouces anglais.   TABLEAU N° 2.

Mois.	1836.		1837.		1838.		1839.		1840.		1841.		1842.		1843.		Moyenne de chaque mois et de 8 ans.				
	Jauges.		Jauges.		Jauges.		Jauges.		Jauges.		Jauges.		Jauges.		Jauges.			Filtration.	Évaporation.	Filtration.	Évaporation.
	Pluie.	Dalton	Pluie.	Dalton	Pluie.	Dalton	Pluie.	Dalton	Pluie.	Dalton	Pluie.	Dalton	Pluie.	Dalton	Pluie.	Dalton	Pluie.				
	Pouces	Pouces	Pouces	Pouces	Pouces	Pouces	Pouces	Pouces	Pouces	Pouces	Pouces	Pouces	Pouces	Pouces	Pouces	Pouces	Pouces.	Pouces.	Pouces.	Pour cent.	Pour cent.
Janvier............	2.40	2.32	2 40	2.10	0.31	0.04	1.41	1.04	3.95	3.05	1.50	..	1.36	0.60	1.46	1.25	1.847	1.307	0.540	70.7	29.3
Février..........	2.04	2.04	2.85	2.92	2.65	0.86	1.45	1.51	1.32	1.00	1.02	..	2.02	2.10	2.42	1.95	1.971	1.547	0.424	78.4	21.6
Mars............	3.65	2.51	0.75	0.01	1.55	2.73	1.92	1.22	0.34	..	1.65	0.53	2.29	1.62	0 88	..	1.617	1.077	0.540	66.6	33.4
Avril............	2.57	1.74	1.32	..	1.35	..	1.65	0.71	0.31	..	1.85	..	0.47	..	2.10	..	1.456	0.306	1.150	21.0	79.0
Mai.............	0.70	0.03	0.94	..	0.84	..	1.22	0.10	2.62	..	1.68	..	1.85	..	5.00	0.74	1.856	0.108	1.748	5.8	94.2
Juin............	1.80	0.01	1.86	..	2.85	..	3.31	0.05	1.33	..	3.00	..	2.00	..	1.56	0.25	2.213	0.039	2.174	1-7	98.3
Juillet..........	2.29	0.10	1.30	..	2 35	0.09	4.36	0.15	1.18	..	2.80	..	1.93	..	2.09	..	2.287	0.042	2.245	1.8	98.2
Août............	2.24	0.15	3.00	0.05	0.95	..	3.65	0.09	1 90	..	3.62	..	1.40	..	2.66	..	2.427	0.036	2.391	1.4	98.6
Septembre.......	2.60	0.07	1.38	0.05	2.47	0.03	3.22	1.50	2.31	..	4.00	..	4.50	1.30	0.63	..	2.639	0.369	2.270	13.9	86.1
Octobre..........	4.55	3.82	1.55	0.02	2.68	0.07	1.68	0.09	1.50	..	4.40	5.99	1.41	0.30	4.82	0.91	2.823	1.400	1.423	49.5	50.5
Novembre........	3.95	3.14	2.05	0.18	3.55	2.91	4.40	4.70	4.25	2.57	4.28	4.87	5.77	5.00	2.45	2.70	3.837	3 253	0.579	84.9	15.1
Décembre........	2.21	1.72	1.70	1.62	1.58	1.84	3.02	3.75	0.49	1.57	2.30	2.80	1.52	0.84	0.40	0.30	1.641	1.805	0.164	100.0	00.0
Total........	31.00	17.65	21.10	6.95	23.13	8 57	31.28	14.91	21.44	8.19	32.40	14.19	26.43	11.76	26.47	8.10	25.614	11.294	15.320	42.4	57.6

TABLEAU N° 3.

Total de chaque année.				
Années.	Pluie.	Filtration.	Evaporation.	Pluie par acre
	Pouces.	Pour cent.	Pour cent.	Tonneaux.
1836	31.0	56.9	43.1	3139
1837	21.10	32.9	67.1	2137
1838	23.13	37.0	63.0	2342
1839	31.28	47.6	52.4	3168
1840	21.44	38.2	61.8	2171
1841	32.10	44.2	55.8	3251
1842	26.43	44.4	55.6	2676
1843	26.47	36.0	64.0	2680
Moyenne.	26.61	42.4	57.6	2695

TABLEAU N° 4.

Avril à septembre inclusivement.							
Années.	Pluie.	Filtration.	Évaporation	Filtration.	Évapora-tion.	Pluie par acre filtrée.	Pluie par acre evaporée.
	Pouces.	Pouces.	Pouces.	Pour cent.	Pour cent.	Tonneaux.	Tonneaux.
1836	12.20	2.10	10.10	17.3	82.7	212	1023
1837	9.80	0.10	9.70	1.0	99.0	10	982
1838	10.81	0.12	10.69	1.2	98.8	12	1082
1839	17.41	2.60	14.81	15.0	85.0	263	1500
1840	9.68	0.00	9.68	0.0	100.0	. .	980
1841	15.26	0.00	15.26	0 0	100.0	. .	1545
1842	12.15	1.30	10.85	10.7	89.3	131	1099
1843	14.01	0.99	13.05	7.1	92.9	100	1322
Moyenne.	12.07	0.90	11.77	7.1	92.9	91	1192

Octobre a mars inclusivement.							
1836	18.80	15.55	3.25	82.7	17.3	1574	330
1837	11.30	6.85	4.45	60.6	39.4	693	452
1838	12.32	8.45	3.85	68.8	31.2	855	393
1839	13.87	12.31	1.56	88.2	11.8	1246	159
1840	11.76	8.19	3.57	69.6	30.4	829	362
1841	16.84	14.19	2.65	84.2	15.8	1437	269
1842	14.28	10.46	3.82	73.2	26.8	1059	387
1843	12.43	7.11	5.32	57.2	42.8	720	538
Moyenne.	13.95	10.39	3.56	74.5	25.5	1052	360

NOTA. Les quantités de pluie dans les colonnes sous le titre *filtration* représentent le jeu voulu des tranchées dans les sols rétentifs ; 1/10 d'un pouce de pluie en profondeur vaut 10,128 tonneaux par acre.

Il résulte évidemment de toutes ces remarques enregistrées que, si toute l'eau de pluie, pendant les six mois les plus froids, avait la liberté de s'accumuler dans un sol, cette terre serait perpétuellement humide : rapprochons ce fait du jeu des tranchées, il en résulte que six mois se passent à entretenir, par la seule force exclusive de l'évaporation, un sol rétentif non desséché dans un état uniforme d'humidité, tandis que les profondes tranchées couvertes dégagent ces sols de l'excédant d'humidité très-peu d'heures après qu'il a plu, même dans la saison la plus humide.

Le tableau n° 4 démontre que l'excédant moyen d'eau de pluie à absorber, pendant les six mois les plus froids, par d'autres procédés que l'évaporation ne s'élève pas à un poids moindre qu'environ 1,050 tonneaux par arpent.

L'évaporation est l'unique agent naturel pour diminuer la quantité d'eau absorbée par les sols rétentifs, mais elle n'est pas à notre disposition. Lorsque ces sols sont parfaitement saturés, le superflu doit être stagnant à la surface, ou s'en écouler ; et l'on offre ici la preuve que la force de l'évaporation équivaut à peine au besoin que l'on en a pendant une moitié de l'année, et que, pendant les six mois les plus froids, elle est bien au-dessous de la force qu'on lui désirerait. L'invention des tranchées souterraines fournit un moyen artificiel efficace de compenser l'insuffisance de la force d'évaporation, et elle peut mettre le sol rétentif, sous le rapport de l'influence météorologique et de la fécondation de tous procédés agronomiques, dans une condition aussi favorable que les sols naturellement poreux et dégagés d'eau stagnante ; mais il faut avoir constamment présent à la pensée que, pour assimiler ce procédé artificiel au procédé naturel, les tranchées doivent être creusées profondément : car l'assiette des tranchées forme la limite de leur action, et détermine la profondeur au-dessous de la surface à laquelle l'eau doit toujours demeurer dans un état d'excédant de stagnation presque constant.

L'étude des résultats enregistrés dans ces tableaux nous apprend bien d'autres faits importants pour l'agronome ; il en résulte la leçon qu'il doit tenir de l'expérience, que tous les moyens à sa disposition doivent être mis en usage pour mettre son sol dans un état à tirer le plus grand avantage et le moindre préjudice possibles des influences élémentaires. Les saisons sont si variables, qu'aucune moyenne ne peut convenablement faire ressortir les changements et variations des quantités et des forces météorologiques. Il résulte du tableau n° 1 que l'écoulement de l'eau par les tranchées s'opère, en moyenne, pendant sept mois de l'année ; toutefois, en 1840 et 1841, la pluie a dépassé l'évaporation pendant quatre mois seulement, bien que, dans la première année, il fût tombé $21\frac{4}{16}$ pouces de pluie, tandis que, dans la deuxième, la terre avait reçu 32 pouces $\frac{1}{10}$ ou 50 pour 100 de plus de pluie dans la dernière que dans la première année. Cependant le sol fut également sec dans les deux années, sur la moyenne des six mois les plus chauds, car la force d'évaporation avait pu débarrasser le sol de toute la pluie tombée, quoique les quantités fussent si largement différentes, c'est-à-dire 15 pouces $\frac{2}{10}$ en 1841, et seulement 9 pouces $\frac{6}{10}$ en 1840. Mais, revenant aux six mois les plus froids des mêmes années, nous trouvons l'inverse : l'évaporation proportionnelle, en 1840, a été double de celle de 1841. Il paraît aussi que, en 1836, la quantité de pluie n'étant que de 1 pouce moindre que le maximum de 1841, la force de l'évaporation avait été moindre de 13 0/0. L'eau avait filtré par la jauge dans diverses proportions pendant chaque mois de cette année, et de même en 1839. Ainsi, en préparant le sol à recevoir le plus d'avantage et le moins de préjudice possibles de la pluie, peu abondante ou excessive, on le mettrait en état de refuser de garder l'eau excédante, et il pourrait absorber l'humidité librement et la garder profondément, tandis que les tranchées recevraient l'eau avec facilité et la feraient écouler rapidement.

De la quantité d'eau de pluie écoulée par le drainage.

Les quantités de pluie et de filtration indiquées par la jauge de M. Dickinson sont enregistrées jour par jour ; cet enregistrement montre une remarquable coïncidence entre l'action de la jauge Dalton et celle des tranchées de tuyaux de 1 pouce de M. Hammond, ainsi que le rapport en a été fait à la Société d'agriculture royale[1]. Il paraît, suivant la jauge-pluie, que $\frac{48}{100}$ de pouce de pluie sont tombés les 7 et 8 novembre 1843, et, suivant la jauge Dalton, que, le 9 novembre, $\frac{46}{100}$ ou presque la totalité de cette quantité l'ont traversée, constatant ainsi le fait que, après une pluie d'environ douze heures de durée dans la journée du 7, sur une pièce de terre de 9 arpents, à 3 pieds de profondeur, les tranchées furent trouvées en train d'égoutter encore le 9 ; celles d'une houblonnière contiguë, à 4 pieds de profondeur, étaient épuisées. M. Hammond ayant fait observer que le plus fort écoulement, à l'extrémité de chaque tranchée, s'élevait presque à la moitié de l'ouverture des tuyaux d'un pouce de circonférence, le temps occupé par l'écoulement de l'eau par la jauge et les tranchées peut dès lors être considéré comme identique et comme comprenant environ quarante-huit heures à partir du commencement de la pluie.

Cette corroboration expérimentale de la suffisance de ces petites tranchées aura son poids auprès des hommes pratiques ; mais, de plus, il a été démontré, par un simple calcul arithmétique, que la plus minime quantité d'eau peut encore s'insinuer dans la crevasse formée par la jonc-

[1] *Journal*, volume IV, page 375.

tion imparfaite de deux tuyaux. La jauge-pluie nous apprend que $\frac{48}{100}$ de pouce de profondeur de pluie sont tombés sur chaque pied carré de surface dans l'espace de douze heures. Cette quantité équivaut à 69 pouces $\frac{1}{10}$ cubiques ou 2 livres $\frac{1}{2}$ [1]; ce qui, divisé par douze heures, donne un peu plus de $\frac{2}{10}$ de 1 livre par pied carré de surface par heure pour le poids de la pluie.

Les tranchées étaient à 24 pieds de distance, de sorte que chaque pied linéaire, devant recevoir l'eau tombant sur 24 pieds carrés de superficie, équivalant à 60 livres ou 25 pintes environ, le temps occupé par cette quantité d'eau, pour descendre à travers le sol et disparaître, étant d'environ quarante-huit heures, il en résulte que 1 livre pesant (ou $\frac{1}{2}$ litre environ), par heure, est entrée dans la tranchée à travers la crevasse existant entre chaque paire de tuyaux. Tout-le monde sait, sans faire des expériences rigoureuses, qu'un très-petit trou laissera passer 1 pinte d'eau en une heure ; ce n'est que $\frac{1}{3}$ d'once par minute ou environ deux fois le contenu d'un dé de dame.

Le poids de la pluie, par arpent, tombée pendant les douze heures, s'est élevé à 108,900 livres pesant ou 48 tonneaux $\frac{6}{10}$; ce qui, sur toute la pièce de 9 arpents, équivaut à 437 tonneaux $\frac{4}{10}$. Chaque tranchée a fait écouler 19 tonneaux ou environ $\frac{4}{10}$ de tonneau par heure, dans la moyenne de quarante-huit heures ; mais, lorsque le cours a été le plus fort, chaque tranchée a dû faire écouler au taux de cinq fois cette quantité par heure : ce qui prouve le pouvoir des tuyaux pour recevoir et faire écouler un épanchement de pluie égal à 2 pouces $\frac{1}{2}$ en douze heures au lieu d'un $\frac{1}{2}$ pouce. Dans ce climat, une semblable pluie est inconnue, car un $\frac{1}{2}$ pouce de pluie en douze heures est une très-forte pluie.

[1] **Poids anglais.**

M. Dickinson dit que jamais sa jauge n'a indiqué un volume d'eau de pluie tombée aussi grand que 1 pouce $\frac{1}{4}$ en vingt-quatre heures, et le docteur Ick, administrateur de l'institution philosophique de Birmingham, affirme aussi que, dans cinq occasions seulement, la pluie, dans cette localité, a dépassé 1 pouce en vingt-quatre heures pendant la même période de huit années, la plus grande quantité ayant été de 1 pouce $\frac{6}{10}$ le 4 décembre 1841. Nous pouvons donc regarder comme pleinement démontré, par l'expérience et les expériences, le fait que des tuyaux de 1 pouce suffisent pour le drainage agronomique.

Il est une expérience que tout fermier peut faire, et qui ne saurait manquer de jeter du jour sur l'action et l'effet de ces tranchées, et sur la condition relative de différentes pièces de terre, quant à la porosité ou l'activité de la filtration, c'est-à-dire la simple constatation par mesure de la quantité d'eau absorbée par diverses tranchées, après la pluie, au même moment.

M. Hammond dit : « J'ai trouvé que, après les der-
« nières pluies (17 février 1844), une tranchée, à 4 pieds
« de profondeur, rendait 4 litres d'eau, en même temps
« qu'une autre tranchée, de 3 pieds de profondeur, n'en
« rendait que 2 pieds $\frac{1}{2}$, quoique placées à égale distance. »

Les circonstances dans lesquelles a eu lieu cette expérience, ainsi que ces indications, méritent une mention toute spéciale. L'emplacement était la houblonnière dont nous avons parlé ; il y avait été, depuis trente-cinq ans, pratiqué des sous-tranchées à une profondeur qui variait de 24 à 30 pouces ; et, quoique les tranchées eussent été faites un peu irrégulièrement et imparfaitement, elles avaient été maintenues en bon état de service. M. Hammond, soupçonnant que les plantes et le sol pouvaient avoir à souffrir par la sous-source, qu'il savait être stagnante au-dessous des anciennes tranchées, sous-trancha de nouveau la pièce en 1842 avec des tuyaux de 1 pouce, en partie à 3 pieds, et en partie à 4 pieds de profondeur. Le résultat fut avantageux; on laissa les anciennes tranchées intactes, mais elles cessèrent de rendre toute l'eau, qui passait au-dessous d'elles pour courir aux nouvelles tranchées. La distance entre les nouvelles tranchées est de 26 pieds, leur longueur de 150 mètres; la chute est identique, le sol argileux. L'expérience a été faite sur deux tranchées contiguës, c'est-à-dire sur la dernière série de 3 pieds et la première série des tranchées de 4 pieds. La somme du courant de ces deux tranchées, au moment de l'épreuve, était de 975 livres pesant par heure, ou au taux de 19 tonneaux $\frac{1}{2}$ par arpent en vingt-quatre heures. L'écoulement proportionnel était, dès lors, de 12 tonneaux par tranchées de 4 pieds et de 7 tonneaux $\frac{1}{2}$ par tranchées de 3 pieds : aucune source n'affectait ces résultats. Nous avons, ainsi, deux phénomènes découverts d'une manière très-satisfaisante : 1° la tranchée la plus profonde est celle qui a reçu le plus d'eau; 2° elle a rendu la plus grande quantité d'eau dans un temps donné, la superficie de terrain étant la même pour les deux tranchées. Il en résulterait, dès lors, ou que la tranchée la plus profonde avait le pouvoir de tirer l'eau d'une distance horizontale plus grande que l'autre tranchée, dans la proportion de 8 à 5, ou que la distance perpendiculaire de l'eau était plus rapide dans la tranchée de 4 pieds, ou que l'accroissement de son écoulement était dû à ces deux causes combinées. Le phénomène d'une tranchée profonde, tirant l'eau du sol d'une distance plus grande qu'une tranchée plus basse, est conforme aux lois de l'hydraulique; elle est corroborée par un grand nombre d'observations sur l'action des puits, etc.; mais on ne voit pas aussi facilement la cause pour laquelle les tranchées plus profondes recevraient plus d'eau dans un temps donné. On devrait, quant au temps, attendre un résultat opposé, par suite de ce fait que l'eau, tombant à la surface, doit avoir à traverser une plus grande masse de terre, perpendiculairement et horizontalement, pour arriver à la tranchée profonde. Un lit agricole de sol poreux ressemble à un filtre artificiel; et il est hors de doute que plus grande est l'épaisseur de la matière composant ce filtre, et plus lent doit être le passage de l'eau à travers ce filtre. Dans les terres grasses et compactes, et les argiles, et surtout dans ces dernières, la ressemblance cesse, attendu que ces sols ne peuvent permettre la libre entrée et sortie à l'eau de pluie qu'après que celle-ci s'est établie dans le réseau de crevasses qu'y occasionnent les disjonctions de la masse, par suite de l'action combinée des tranchées et de l'évaporation superficielle. Ces crevasses remplacent la porosité dans ces sols; elles servent à conduire l'eau rapidement aux tranchées après qu'elle a traversé le lit travaillé. Il est possible aussi que dans les argiles de certaines contextures, où il a été pratiqué de profondes tranchées, les crevasses soient plus larges ou plus nombreuses, par suite de la contraction d'une plus grande masse de terre, que lorsque ce sol a reçu des tranchées moins profondes. Quoi qu'il en soit, il est affirmé, par un grand nombre de fermiers recommandables et intelligents, qui ont pratiqué des tranchées très-profondes dans des argiles et des terres compactes, que l'écoulement ou épanchement des tranchées les plus profondes commence invariablement et cesse plus tôt que celui des tranchées plus superficielles, après la pluie.

La considération de la profondeur des tranchées a été trop généralement limitée aux pures exigences de la culture, combinées avec le désir naturel de restreindre la dépense lorsque les matériaux dont on se sert sont chers, et la dépense des terrassements est grande; ces circonstances ont certainement tendu à faire perdre de vue les vrais

principes devant servir de base au drainage et dont dépendent les plus grands avantages à en tirer. La question
de la distance entre les tranchées est importante au point
de vue de la dépense ; et il sera sage de s'arrêter à la raison et de rester dans les limites ; mais à l'insuffisance
de profondeur il n'y a d'autre remède qu'une nouvelle
excavation. Autant que l'expérience peut éclairer la question, nous savons beaucoup d'agriculteurs qui ont une
seconde fois ouvert des tranchées dans leurs champs à une
plus grande profondeur ; cependant il est douteux que
quelqu'un ait fait ouvrir des tranchées profondes en
les rapprochant de la surface ou les rapprochant entre
elles. Le système du drainage profond a été, sans aucun
doute, encouragé par le bon marché, la légèreté et l'efficacité reconnue des tuyaux en tuile, combinés avec le
prix plus modéré du terrassement tenant à leurs petites dimensions et à la facilité de la pose. Le bon marché du travail a laissé au fermier plus de liberté d'esprit pour méditer
plus exclusivement et avec plus d'attention sur la perfection de l'objet qu'on se propose ; et il est digne de remarque que l'expérimentation et l'expérience ont rapidement
amené l'adoption d'un système de tranchées parallèles,
considérablement plus profondes et moins fréquentes que
les tranchées ordinairement recommandées par ceux qui
les font, ou d'un usage général.

Le petit tableau ci-après démontre le prix actuel et respectif des trois espèces de sous-tranchées dont on a parlé,
calculé d'après les effets réellement produits, c'est-à-dire
sur les masses de terre effectivement débarrassées de leur
excédant d'eau moyennant une égale dépense. Telle est
l'indication du travail fait, attendu qu'une simple décla-
ration des frais du drainage, par arpent de superficie,
ne donne qu'une idée imparfaite et très-erronée de la dépense utile de tout système particulier ; cela sera démontré,

si l'on se reporte aux deux dernières colonnes du tableau, qui donnent le prix par mètres cubiques et mètres carrés du sol desséché pour 10 centimes.

Profondeur des tranchées en pieds.	Distance entre les tranchées en pieds.	Masse de sol tranchée par acre (mètres cubiques).	Masse de sol tranchée pour 10 c. (mètres cubiques).	Superficie du sol tranchée pour 10 c. (mètres carrés).
2	24	3,226 1/2	4.1	6.27
3	33 1/2	4,840	8.93	8.93
4	50	6,453	12.00	8.96

On peut remarquer ici que M. Hammond, lorsqu'il dessèche des argiles tenaces, choisit le mois de février pour ce travail : il range ses tuyaux, en les couvrant d'argile, afin d'empêcher des petites parcelles de terre d'y entrer ; il laisse les tranchées ouvertes tout le mois de mars, si le temps est sec ; par ce moyen, il trouve les crevasses de la terre très-accélérées, et l'action complète des tranchées en avance d'une saison. Le travail des crevasses peut, sans aucun doute, être accéléré par le choix de l'époque de l'année où l'on fait les tranchées, et par l'aménagement de la superficie de manière à l'exposer à la pleine force de l'évaporation atmosphérique.

Si l'on se reporte aux tableaux précédents, on remarquera que l'épanchement moyen annuel de la pluie, y enregistré, est au-dessous de la moyenne de l'Angleterre, tandis que la force de l'évaporation est probablement plus élevée que la moyenne. Les sommes mensuelles et annuelles de la filtration et de l'évaporation, dans différentes latitudes, localités et espèces de sols, varieront beaucoup comparativement à ces tableaux. Des observations semblables, obtenues sur différents sols et dans diverses parties du pays, combinées avec les indications des thermomètres plongés dans la terre, nous procureraient l'espèce du sol qui pourrait être convenablement appelé son *climat*, et que l'on ne peut pas connaître d'une manière certaine d'après les phénomènes purement météorologiques , mais dont le climat atmosphérique d'un district dépend, en grande partie, comme on sait.

Les météorologistes ont enregistré , pendant nombre d'années, le montant de l'évaporation terrestre, d'après les indications d'une jauge de l'invention de M. Luke Howard, et ils l'ont considérée comme indiquant la quantité d'humidité enlevée par l'atmosphère à la terre. Mais cet instrument n'indique que l'évaporation de l'eau placée dans une assiette sur la terre ; il ne fournit aucun fait qui soit d'une utilité directe pour l'agronome. Les sols cultivés ne sont pas dans des circonstances semblables, et la puissance des rayons du soleil pour échauffer le sol n'est représentée que d'une manière indifférente par son action de la transformation de l'eau en vapeur. La différence entre les indications des jauges de Howard et de Dalton est très-remarquable. Le professeur Daniell [1] dit que la pluie moyenne annuelle, à Londres, est de 22,199 pouces, et l'évaporation moyenne annuelle de 23,981 pouces, ou 1,782 pouces de plus que la pluie. Les résultats enregistrés à l'institution philosophique de Birmingham, en 1843, sont : pluie 26,716 pouces; évaporation, 31,982 pouces, ou 5,265 pouces de plus que la pluie. Mais nous apprenons, d'après la jauge de Dalton, que dans le comté de Hertford, sur 26,614 pouces de pluie seulement, 15,32 pouces ont été rendus à l'atmosphère ; le reste a coulé à travers la terre dans les rivières ; et c'est exact, si l'on compare la somme de pluie avec la somme évaporée du sol à 3 pieds de profondeur.

Nous ne devons jamais oublier que les faits établis sont les quantités exactes et multipliées formant l'unique base

[1] British almanac.

substantielle de la science. Les observations sur les jauge-pluie et jauge Dalton seraient utilement variées; en plaçant cette dernière à des profondeurs différentes, comme à 1, 2, 3 et 4 pieds, ou plus, au-dessous de la surface, remplie avec des sols différents, on en tirerait des notions d'une grande valeur pratique pour l'agronome.

Il est à désirer que toutes ces observations, pour être rendues utiles à la France, dans la pratique, reçoivent de tous côtés l'attention qu'elles méritent; c'est dans ce but que l'auteur s'est occupé de les recueillir.

L'ART DU DRAINAGE.

« Aide-toi, le ciel t'aidera. »

L'ART DU DRAINAGE.

Dans ce siècle de lumières, nous devons reconnaître, comme un fait incontestable, qu'un *drainage effectif* est la première et la plus importante considération en agriculture ; on l'a même qualifié d'essence intime de cette science ; et c'est là une qualification très-juste, attendu que le draînage, pour être effectif, doit être pratiqué d'après des principes scientifiques. Il n'y a, dès lors, plus de doute concernant les résultats avantageux produits par un drainage effectif sur toutes les espèces de terre qui ne permettront pas à l'eau superficielle de s'écouler librement à travers le sous-sol et sur les terres contenant des sources.

Nous essayerons de démontrer la nécessité de ce travail et ses divers modes d'exécution anciens et modernes, avec un devis de la dépense, ainsi que les avantages d'un drainage effectif, en énonçant par qui il doit être entrepris. Tout observateur accidentel, n'ayant que de faibles notions de l'agriculture en ce qui regarde la terre humide et sèche, reconnaîtra, à première vue, les avantages résultant nécessairement d'un drainage effectif, et il sera disposé à s'écrier en voyant la terre continuellement saturée : « Quel peut « être le propriétaire, quel peut être l'agent ou le fermier « qui laisse la terre dans un état si déplorable, négligeant « de recourir aux divers systèmes perfectionnés de drai- « nage? » Si réellement une personne, n'ayant qu'une faible notion des effets salutaires du drainage, comprend ainsi la nécessité de ce travail, que dire des personnes douées de plus d'expérience, qui négligent un devoir si important? Rien d'étonnant à ce que l'on veuille connaître un propriétaire assez insouciant pour laisser la terre frappée d'une telle stérilité, comparativement parlant, lorsqu'il peut être établi clairement que, moyennant une somme médiocre par arpent, cette terre pourrait être convertie en un sol productif. Si nous considérons la responsabilité naturelle des propriétaires, ne sommes-nous pas amenés à dire qu'il est de leur devoir, comme propriétaires du sol, d'user de tous les moyens praticables pour améliorer la terre confiée à leurs soins comme fidéicommissaires à vie, qui savent bien posséder la seule source réelle de fortune qu'un pays peut revendiquer comme sienne propre? car toutes les autres propriétés peuvent être détruites et disparaître : la terre seule *doit* rester. Ce n'est donc plus un doute pour personne qu'il est nécessaire que les propriétaires fonciers pratiquent aussi complétement que possible un système de drainage effectif, dans le but d'augmenter les produits du sol, et, conséquemment, de lui faire rapporter assez d'aliment pour nourrir une population que l'on dit s'accroître tous les jours.

L'art de dessécher la terre consiste à assimiler le sol naturellement humide au sol naturellement moite, de manière à ce que ce résultat soit obtenu par une opération d'une grande simplicité, et que son effet sur la contexture et la condition physique de la terre humide soit plus ou moins grand selon la science et l'habileté qui président à cette opération.

L'expérience a prouvé qu'un sol surchargé d'eau ne peut pas être apte à porter d'abondantes récoltes ; que l'excédant d'eau est un obstacle à la juste division mécanique du sol actif ; qu'il diminue le pouvoir fécondant de toute espèce d'engrais ; qu'il abaisse la température de la masse du lit ; qu'il fait obstacle à la libre entrée et au changement d'air atmosphérique ; qu'il empêche la libre descente de la pluie à travers le sol et son évacuation opportune. L'existence d'un excédant d'eau est loin d'être limitée à ces natures absorbantes et détentives de sol que l'on appelle argiles ; des sols même composés de marnes et de terres encore plus siliceuses ont tout autant besoin de drainage que les terres grasses et compactes. L'eau séjourne trop près de la surface de nombre de sols dont la contexture naturelle, à quelques pieds de profondeur, lui donnerait un libre passage vers le bas, sans la présence d'argile ou d'une autre couche qui refuse ce passage, à des profondeurs plus ou moins grandes où elles retiennent l'eau. Les maux venant de l'excédant d'eau dans les sols sont rendus surtout apparents, si l'on compare cette terre qui garde l'eau avec ces bons sols profonds, naturellement secs et chauds, comme on les appelle, si fort convoités par les fermiers.

Beaucoup d'exemples de drainage, observés à différentes époques, ont donné à croire fermement que le drainage général, qui se faisait en Angleterre, était de trop peu de profondeur pour réaliser les précieux résultats que produirait une dépense donnée d'argent. L'expérience, en étendant les observations, n'a fait que donner de la confiance dans l'efficacité supérieure d'un système de drainage plus profond ; et la découverte fortuite d'un simple tuyau cylindrique est venue en aide aux agronomes et aux *drainers* [1], dont les convictions et la pratique étaient vouées à la même cause. En 1843, au comice de la Société royale agricole d'Angleterre tenu à Derby, M. John Read exposa quelques modèles de tuyaux ; cette exposition fut suivie par une investigation sur l'usage et les mérites des tuyaux, faite à la demande du comité de la Société, et objet d'un rapport dans les deux parties du journal de la même année. Il n'existait à cette époque, en Angleterre, qu'une machine grossière à fabriquer des tuyaux de drainage ; mais, grâce aux renseignements étendus insérés dans les pages de ses journaux, et aux primes offertes par la Société pour les machines supérieures, nous sommes arrivés, dans le court espace de trois ans, à l'agréable dilemme qui rend difficile

[1] Personnes qui pratiquent le *drainage*.

le choix de la machine à tuyaux la plus méritoire. D'une machine qui avait la faculté de produire environ 1,000 pieds de tuyaux par jour, nous sommes arrivés, en moins de trois ans, à la faculté d'en faire 10,000 pieds dans le même espace de temps. Le pouvoir producteur de la plupart de ces machines est considérablement plus grand qu'aucune tuilerie ne le demanderait.

La grande objection contre les machines à tuyaux fonctionnant par le moyen d'un piston est l'action réciproque qui fait que l'on doit perdre du temps en changeant le mouvement d'une impulsion à l'autre, dans la même direction ou dans des directions opposées. Une autre objection, c'est que l'air peut être transmis dans la chambre avec l'argile ; il est alors chassé par le piston à travers les moules avec une force qui nuit à la forme et à la structure du tuyau.

La seule machine à tuyaux d'une simple construction est celle de M. Ainslie ; elle se compose de deux cylindres mus par roue et pignon avec une poignée courbe sur une roue volante, qui enlèvent continuellement de la terre et la poussent dans les moules comme un courant continuel de tuiles ou de tuyaux. Sa construction, remarquablement simple, fait que bien rarement elle doit être hors d'état de travailler ; et le mouvement constant de son action, dans une seule direction, lui fait faire plus d'ouvrage que n'en saurait faire, dans le même temps, aucune machine à tuyaux de la même force. Elle possède aussi l'avantage des machines à piston pour former et rendre les tuyaux dans l'état le plus condensé et le plus *sec*, sans fissures et trous occasionnés par la force d'explosion de l'air enfermé. L'état de *sécheresse* dans lequel un tuyau est rendu par une machine est pour elle une grande recommandation, d'autant plus que le tuyau demande beaucoup moins de temps pour être dans un état convenable pour le four. Lorsqu'il y a, dans l'argile soumise à l'action d'une machine à piston, assez d'eau pour chasser l'air, les tuyaux sont rendus dans un état trop mou, et ils risquent de perdre leur forme. Pour ces raisons; la machine à tuyau d'Ainslie, dans sa forme actuelle, est la plus parfaite en principe, et elle est, sans doute, la plus simple dans sa construction; en conséquence, elle contient des éléments de plus grande solidité que toute autre.

On peut reconnaître aussi que, en moins de trois ans, nous avons fait de grands progrès dans l'*art du drainage.* Nous avons examiné, scientifiquement, ce que signifie le drainage; des exemples de la nature la plus exacte, pour guider notre jugement, ont été dus à la pratique de beaucoup de fermiers demeurant dans différents comtés d'Angleterre et occupant diverses espèces de sols. Nous avons réuni et placé devant nous, en les juxtaposant, le fait et les effets de tranchées pratiquées à différentes profondeurs, non-seulement dans un sol semblable, mais encore dans le même champ. Un fait demeure parfaitement démontré à nos yeux par divers observateurs et praticiens attentifs; ce fait, c'est que des terres qui ont été desséchées à une certaine profondeur, sans arriver à enlever l'humidité, ont entièrement perdu leur qualité spongieuse, lorsqu'elles ont été sous-desséchées à une plus grande profondeur.

M. Stephens [1] fait les remarques suivantes :

« Comme la plupart des sujets d'utilité publique, le
« meilleur mode d'application du *drainage*, dans des cir-
« constances particulières, a occasionné une divergence
« considérable d'opinion parmi ses plus actifs partisans.
« Ce qui fait naître aujourd'hui le plus de contestation,
« c'est la question relative à la forme et à la position de la
« tranchée, qui enlèvera le plus promptement et le plus
« efficacement l'eau superficielle. M. Smith (de Deanston)

[1] Manual of practical draining.

« soutient que cette eau est plus rapidement et plus effi-
« cacement enlevée par des tranchées peu distancées ; et
« cette disposition est très-économique lorsque les tran-
« chées ne sont pas très-profondes. M. Parkes, ingénieur
« consultant de la Société royale agricole d'Angleterre,
« soutient, d'un autre côté, que l'eau de la superficie est
« plus efficacement absorbée par des tranchées profondes
« placées à de grands intervalles. Ces deux points con-
« stituent toute la différence dans la pratique respective-
« ment soutenue par les discutants, quoiqu'il existe une
« grande différence d'opinion en théorie. »

Beaucoup de personnes, présentes à la discussion sur le drainage, au comice de la Société royale agricole d'Angleterre tenu à Newcastle en 1846, pourraient conclure que les vues des discutants étaient irréconciliables, quoique les conclusions des deux parties fussent justes, quand l'état du sous-sol était approprié à l'une ou l'autre vue, mais que les deux parties avaient tort d'appliquer leurs vues spéciales à tout état de sous-sol.

Si tous les sous-sols étaient pareils, d'égales profondeurs et des distances des tranchées, profondes ou superficielles, étroites ou larges, leur conviendraient à tous ; mais, comme on sait que les sous-sols diffèrent beaucoup sous le rapport de leur aptitude à permettre à l'eau de les traverser, le *drainage judicieux* est celui qui s'accommode à la nature du sous-sol, de même que le *drainage peu judicieux* est celui qui recommande les mêmes profondeurs et distances de tranchées pour toute espèce de sous-sol. Si l'examen démontrait que des tranchées de 4 pieds de profondeur sont nécessaires pour arriver à la partie du sous-sol à travers laquelle l'eau coule le plus copieusement, alors les tranchées devraient arriver à cette profondeur, avant de pouvoir recevoir la pluie dans sa descente de la surface, ou offrir un canal pour le transport de l'eau stagnante.

La grande erreur des disciples d'Elkington a consisté à appliquer sa forme ramifiée de drainage à tout état de sol humide : ce serait commettre une semblable erreur, aujourd'hui, que de vouloir appliquer un système de règles *fixes* pour toute espèce de sous-sol ; conséquemment, il ne devrait pas y avoir de contestation sur la pratique du drainage : un judicieux *drainer* repoussera toute règle dogmatique à ce sujet, et il jugera en personne, relativement aux circonstances dans lesquelles il sera placé.

Avant d'entrer dans le détail d'un ou deux exemples intéressants et particuliers sur l'effet des tranchées profondes, rappelons les opinions d'un auteur distingué. La troisième édition de son ouvrage parut en 1652 ; la recommandation et la théorie du drainage profond, appliqué par lui aux prairies et marais, sont si clairement exposées, qu'il serait difficile de les mieux définir. Il est juste aussi d'assigner le mérite de l'invention ou de la première démonstration des bons principes pratiques à celui que nous pouvons considérer comme digne d'éloges à cet égard.

L'auteur de l'ouvrage dont nous parlons est le capitaine Walter Bligh, qui signe ainsi : *Un ami de l'ingénuité*. Ce livre est intitulé, « *le Perfectionneur anglais perfectionné, « ou l'examen de l'art de la bonne culture examiné,* » adressé notamment AU TRÈS-HONORABLE LORD GÉNÉRAL CROMWELL ET AU TRÈS-HONORABLE PRÉSIDENT, ET AUX AUTRES MEMBRES DE L'HONORABLE SOCIÉTÉ DU CONSEIL D'ÉTAT. Dans ses instructions sur l'irrigation et le drainage par tranchées dans les prairies, l'auteur dit en parlant du dernier :

« Quand tu voudras ouvrir une tranchée, tu auras soin
« de la faire assez profonde pour qu'elle aille jusqu'au
« fond de l'eau froide, qui nourrit la pierre et le roseau ;
« quant à la largeur, fais ce que tu veux ; mais, pour sûr,
« fais assez large pour que tu puisses aller à fond, c'est-à
« dire aussi bas qu'il y aura de l'humidité : cette humidité

« gît d'ordinaire sous la première et deuxième couche de
« la terre, sur quelque gravier ou sable, ou ailleurs, là où
« de plus grandes pierres sont mêlées avec l'argile ; il faut
« que tu creuses dessous au moins la valeur de la moitié
« du fer d'une bêche. Suppose que cette corruption qui
« alimente et nourrit le roseau soit à une profondeur de
« 1 mètre ou 4 pieds, il faut que tu ailles au fond, si tu
« veux faire un drainage utile ou retirer le plus d'avantage
« de ton opération, sans laquelle ton eau ne pourra pas
« avoir son bon écoulement. Quoique l'eau engraisse na-
« turellement, cette froidure et cette humidité sont perni-
« cieuses au dedans ; et, si l'on ne les en éloigne pas, elles
« dévorent ce que l'eau a engraissé ; et ainsi la bonté de
« l'eau se trouve, de fait, filtrée, cachée et étanchée dans
« la terre, laissant glisser et se perdre et sa richesse et sa
« fécondité. » Ailleurs, l'auteur répond à ceux qui s'élèvent
contre l'humidité qui nourrit le roseau, les joncs et les
glaïeuls :

« Fais seulement tes tranchées assez profondes, et ne
« les éloigne pas trop de l'humidité, et je te garantis que
« tu dessécheras ce qui était sous l'humidité, l'ordure et le
« venin qui les nourrissent, et alors crois-moi, ou renie
« l'Écriture sainte (ce que j'espère que tu n'oseras pas
« faire). » Bildad disait à Job : « *Le roseau pousse-t-il sans*
« *la vase, et le jonc sans l'eau?* » (Job, VIII, II.) Cette question prouve clairement que le roseau ne saurait pousser, si
l'eau est tarie à sa racine ; car ce n'est pas l'humidité à la
surface de la terre (alors toute ondée ferait pousser le roseau), mais c'est celle qui entoure sa racine, qui, desséchée jusqu'au fond, le laisse dénué et sans secours.

L'auteur revient souvent sur ce sujet, expliquant à diverses reprises la nécessité de faire disparaître ce que nous
appelons sous-source, et ce qu'il appelle, lui, l'ordure et le
venin ; et il dit : « Je suis obligé de répéter certaines choses

« à cause de la commodité de ce à quoi elles s'appliquent,
« et aussi à cause de la lenteur des gens à les saisir, ainsi
« que cela résulte de l'absence de la mise en pratique. Si
« vous faites des tranchées, rarement vous verrez que l'on
« aura été jusqu'au fond. » Quant à la distance entre les
tranchées, il ne prescrit pas de règle positive. « Si la terre,
« dit-il, est plus saine et plus sèche, ou si elle va plus en
« descendant, tu pourras laisser couler l'eau plus large-
« ment; et, suivant que la terre est humide, mauvaise,
« chargée de roseaux, règle-toi là-dessus pour la largeur. »
On trouve là une connaissance plus exacte et plus appro-
fondie de la matière qu'il n'y en a souvent chez les faiseurs
de prairies de nos jours; et il est possible que beaucoup de
ces prairies aient été converties en marécages, faute d'un
sous-drainage profond et systématique.

Pour tous les objets du drainage, l'auteur critique les
tranchées superficielles ou peu profondes, faisant observer
relativement au drainage des marais. « Quant à ces tran-
« chées ordinaires et nombreuses, souvent tortues, ainsi
« que l'on fait d'ordinaire dans les terrains marécageux, à
« 1 pied ou à 2 pieds, sans jamais tenir compte de ce qui fait
« le marais, » je dis : « Allons, mettez cela de côté, car
« c'est là une grande folie, peine perdue, gaspillage; je dé-
« sire bien les épargner au lecteur, et lui faire faire des
« expériences plus profitables. Quant à la destruction du
« marais, rien n'y fait : on enlève seulement un peu de
« l'eau tombée du ciel; mais on n'affaiblit pas du tout la
« nature marécageuse du terrain. » L'opération ne rem-
plit pas du tout son but; enfin, tout en reconnaissant que
cet ouvrage est plus dispendieux, mais plus efficace et plus
durable, il décrit ainsi l'emploi de tranchées couvertes,
profondes : « Tu mettras au fond de ces tranchées de bons
« fagots verts de saule, d'aune, d'orme ou d'épine, ou
« plus solidement encore des cailloux ou silices; puis tu

« rempliras le fond de la tranchée jusqu'à la hauteur de
« 15 pouces environ ; tu prendras ton gazon, comme il a
« été dit, en mettant le vert par-dessus, et ayant soin de
« faire couper la motte de gazon juste de la grandeur de
« la tranchée, pour qu'elle soit bien remplie, et que tout
« se touche et se serre de près ; puis, couvrant le tout de
« terre et nivelant comme le reste du terrain, tu attendras
« qu'il advienne un étonnant effet avec la bénédiction de
« Dieu. »

L'auteur prescrit aussi, dans tous les cas, sauf les prairies, de faire les tranchées bien droites, en suivant la pente de la terre. Dans ces détails sur le drainage des prairies et des terres marécageuses, on ne peut reconnaître que d'excellents principes. Le capitaine Bligh dit les avoir mis lui-même en pratique, avoir été imité par d'autres, et avoir élevé la valeur et le produit de la terre, traitée de la sorte, de quelques schellings à 2, 3 et même 4 livres sterling par arpent.

L'auteur que nous citons est le premier qui soit connu, en Angleterre, pour avoir eu la sagacité de distinguer entre l'effet passager de la pluie et la constante action de la sous-source stagnante, pour maintenir la terre en état d'humidité; si cette eau souterraine (pour se servir d'une expression bien appropriée), à laquelle on peut attribuer une humidité excessive et préjudiciable, si cette eau n'est pas éloignée et tenue à une profondeur excédant la force d'attraction capillaire, pour l'élever trop près de la superficie, aucun drainage ne peut être efficace. C'est surtout par l'attraction capillaire que ces sols sont entretenus dans un état de moiteur suffisante pour la perfection végétale; lorsqu'on y creuse, on ne découvre pas d'eau libre à plusieurs pieds de la superficie : l'effet de la pluie est d'imbiber d'humidité ce sol, la pesanteur entraînant en bas l'excédant, ou la partie que le sol ne peut ni absorber ni retenir.

L'évaporation a lieu en partant de la surface de la terre,
et chaque atome d'humidité étant enlevé dans l'atmosphère, l'atome enlevé est remplacé par un nouvel atome
que communique le contact des parcelles du sol, les parties
les plus superficielles agissant sur les plus profondes, comme
autant de pompes aspirantes, à l'effet d'élever l'eau et de
suppléer la perte. De cette manière, les terres grasses et
profondes (dont nous avons parlé, comme étant si rares et
si convoitées) sont entretenues dans un état presque constant d'humidité appropriée aux besoins des plantes. Il
peut arriver cependant, et il arrive, mais rarement, que ces
sols eux-mêmes, pendant les sécheresses longtemps conti-
nuées, sont en souffrance; c'est-à-dire qu'ils deviennent
trop secs ; mais l'observateur attentif remarquera ici une
très-belle et puissante combinaison de la nature, ayant
pour but de prévenir une sécheresse excessive. Pendant
la nuit, l'évaporation de la surface du sol cesse d'ordinaire,
pour recommencer lorsque les rayons du soleil s'étendent
sur le sol; mais l'action capillaire est constante, elle est
d'une intensité uniforme nuit et jour ; de sorte que nous
avons, en moyenne, douze heures par jour de l'influence
du soleil pour produire l'évaporation, et vingt-quatre heures d'action capillaire pour suppléer la perte d'en bas, et
entretenir un état hygrométrique ou humide du sol actif
assez uniforme. Il est généralement reconnu que les terres
desséchées par le drainage ne sont ni brûlées ni en souffrance, par l'effet de la sécheresse, aussi tôt ni autant que
les sols humides, à toutes les époques de l'année, si ce n'est
dans les mois les plus chauds. Ce phénomène est expliqué
par ce fait, qu'un sol rétentif, échauffé par l'eau, se con-
tracte tellement par la perte de son eau, qu'il est presque
inaccessible à l'air pour en obtenir l'humidité. Après le
drainage, la contexture mécanique d'un sol change graduellement ; la pulvérisation a lieu dans le sous-sol d'une

manière précisément semblable au changement que nous remarquons dans le sol fraîchement retourné, bien exposé à l'atmosphère ; ce changement de contexture dans la masse au-dessous est, sans aucun doute, plus lent que dans le sol superficiel, mais il doit également arriver.

Il n'est pas peut-être de preuve plus frappante de la grande importance d'assurer la libre entrée de l'air et la libre sortie de l'eau dans la masse du sol que la preuve tirée du fait qu'en laissant la terre reposer sans récolter, c'est-à-dire en la laissant en jachère, la fertilité est renouvelée ; et cet effet est produit uniquement par les approvisionnements que fournit l'inépuisable magasin de l'atmosphère. L'atmosphère est notre magasin d'engrais le meilleur marché et le plus immense ; pourquoi ne pas laisser pénétrer librement et profondément l'atmosphère dans notre sol ? Toutefois, à l'égard de la profondeur à laquelle peuvent être ouvertes les tranchées dans un sol pour y faire de l'effet, aucune règle ne saurait être assignée ; car il ne saurait y avoir d'erreur plus grossière que la pensée qu'une seule règle de profondeur est applicable, avec une égale efficacité, aux sols de toute espèce. La même remarque est faite relativement à l'application d'une règle commune de distance entre les tranchées ; cette distance peut être plus ou moins grande, suivant la profondeur des tranchées et la contexture du sol particulier. Il est évident que l'eau coulera à travers un gravier, sable ou terre grasse, avec moins d'obstacle à son cours, qu'à travers l'argile, et plus facilement à travers une argile que par un autre sol contenant différentes proportions de silice et d'alumine. Il est encore une foule d'autres propriétés du sol auxquelles le *drainer* doit faire attention en déterminant la profondeur et la distance des tranchées, par exemple l'état serré ou compacte, l'uniformité ou le mélange des sols d'une différente contexture dans la ligne de ces tranchées du même champ, etc. Toutes ces circonstances exerceront de l'influence sur son travail et sur le prix de ce travail ; il s'accorde, avec la pratique actuelle, que des tranchées soient faites à des profondeurs de 4 à 6 pieds, suivant le sol et la pente, et à des distances variant de 24 à 66 pieds ; l'efficacité complète étant le but que l'on se propose, et la preuve de cette efficacité étant que, après une juste période donnée pour apporter l'action du drainage dans les sols où il n'avait pas été mis en usage, l'eau ne doit pas être plus élevée, ou beaucoup plus élevée, dans un trou creusé entre deux lignes de tranchées, que le niveau de ces tranchées.

La dépense du drainage varie également suivant la contexture des sols, leur nature pierreuse, etc. Le travail se paye, en Angleterre, 30 centimes à 1 fr. 20 cent. par 6 mètres, ce qui porte la dépense du drainage par acre de 2 livres (50 fr.) à 5 livres sterling (125 fr.), suivant les circonstances.

M. Parkes cite un exemple non-seulement de l'utilité, mais encore de la nécessité actuelle de bien examiner le sol, c'est-à-dire de s'assurer de la matière que l'on aura à traiter avant de commencer le *drainage*. « J'ai trouvé, dit-« il, une prairie très-humide que l'on voulait dessécher. « On pensait qu'un drainage plus profond que 2 pieds en-« viron n'aurait pas d'effet sur ce champ, des tranchées de « 3 pieds 6 pouces de profondeur, pratiquées dans d'autres « parties des champs, n'ayant pas produit beaucoup plus « d'effet que des tranchées plus superficielles; on pensait « aussi que la masse d'argile au-dessous serait trouvée « presque infranchissable pour l'eau, les crevasses ne s'é-« tant ouvertes dans les saisons chaudes qu'à 15 pouces de « profondeur. Cependant nous avons fait enlever le terreau « et la terre mouillée à 5 pieds carrés environ d'espace, « à 22 pouces de profondeur; alors a paru un lit d'argile « plastique jaune. Dans ce lit mou, et que la main travail-

« lait facilement, il a été creusé un trou ; mais il est des-
« cendu une très-petite quantité d'eau dans ce trou, jus-
« qu'à ce que nous ayons atteint environ 4 pieds 3 pouces ;
« alors le trou s'est rapidement empli d'eau. C'était tou-
« jours de l'argile, mais évidemment de l'argile d'une
« nature plus poreuse ; on y a trouvé une masse d'eau
« libre : il est devenu alors constant que l'on venait de
« découvrir la cause pour laquelle l'argile supérieure et le
« sol superficiel étaient si humides, en dépit des tranchées
« peu profondes. Comme l'argile supérieure reposait sur
« ce que l'on peut appeler relativement une couche d'eau
« inférieure, la force capillaire, toujours en action, pom-
« pait continuellement cette eau, et elle fournissait au sol
« superposé un excédant perpétuel de fluide. Les tranchées
« peu profondes pouvaient servir à faire écouler l'eau de
« pluie, l'eau superficielle ; mais elles ne pouvaient, en au-
« cune manière, dégager les sous-sources. Il a été fait alors,
« par essai, une tranchée de 5 pieds de profondeur à
« 350 mètres de longueur, et l'on y a posé des tuyaux de
« 1 pouce 1/2 de diamètre ; on a tassé l'argile au-dessus
« de cette ligne de tuyaux jusqu'à une hauteur de 2 pieds
« 6 pouces de la surface, et il a été posé par-dessus une
« nouvelle ligne de semblables tuyaux. Nous avions alors
« sur le même plan une tranchée peu profonde et une pro-
« fonde ; nous nous proposions de mesurer ainsi les écou-
« lements d'eau que l'on obtiendrait par les deux procédés :
« la tranchée plus basse a été couverte par-dessus, afin
« d'empêcher, autant que possible, l'eau supérieure de se
« mêler à l'inférieure. Le résultat a été que la tranchée
« du fond a rendu, depuis le commencement, un courant
« donnant, terme moyen, plus de 4 litres à la minute
« pendant soixante-dix jours, ou près de cinq tonneaux
« dans l'espace de vingt-quatre heures. Le cours d'eau a
« ensuite diminué rapidement, et bientôt l'eau n'a plus

« coulé que goutte à goutte. Il avait été ouvert une deuxième
« tranchée de 5 pieds de profondeur à une distance de
« 36 pieds, de manière à isoler un espace de terre d'un
« côté de la tranchée expérimentale, et l'on trouvera, en
« prenant que la longueur de 350 mètres avec une largeur
« de 12 mètres donne de l'eau à la tranchée de fond
« (à 6 mètres de chaque côté), qu'une superficie de 4,200
« mètres carrés d'eau, à 5 pouces 1/2 de profondeur, a été
« enlevée par cette seule tranchée. D'abord la ligne super-
« ficielle de tuyaux a répondu à la pluie ; mais cette action
« a bientôt cessé, et toute l'eau, en définitive, a passé par
« la tranchée plus basse et profonde. On dit que la terre
« se crevasse à une plus grande profondeur que précédem-
« ment, de sorte que l'on peut s'attendre à un *drainage*
« efficace. Voici l'analyse des argiles en question, prises à
« 22 pouces, et 4 pieds 6 pouces anglais de profondeur
« respective, au-dessous de la surface : »

	Argile à 22 pouces p. 0/0.	Argile à 4 pieds 6 pouces p. 0/0.
Silice.	59.0	72.9
Alumine.	23.5	13.4
Peroxyde de fer.	8.1	6.6
Carbonate de chaux.	1.0	0.8
Eau avec de la matière un peu carbonacée, de légères traces de magnésie et sulfate de chaux, et perte. .	8.4	5.5
Carbonate de magnésie..	0.0	0.8
	100	100

Ce n'est là qu'un, sur mille exemples à citer, de la qualité plus poreuse de l'argile inférieure d'un champ, comparativement à celle plus rapprochée de la superficie. Des
lits de gravier, de sable ou de terre mêlée se trouvent
aussi fréquemment sous l'argile superficielle à des profondeurs qui ne sont pas assez grandes pour permettre que

les tranchées soient disposées à des distances beaucoup plus larges que si elles étaient pratiquées dans l'argile ; on opère de la sorte l'écoulement de l'eau souterraine ; on permet à l'eau de pluie de descendre , et l'on procède en même temps plus économiquement.

La force capillaire ou *absorption* des sols varie beaucoup, et elle est souvent très-remarquable : il est arrivé, en creusant des trous d'essai avant le drainage , de trouver que l'eau n'y était pas plus rapprochée de la surface que 3 pieds ; cependant le sol superficiel était si mouillé , que l'eau en dégouttait sous la pression de la main. Cette circonstance doit déterminer à saigner des sols semblables à la profondeur de 5 pieds au moins : ce drainage a été couronné d'un succès complet.

Beaucoup de fermiers-cultivateurs recommandent bien de laisser la terre entièrement unie et sans sillons après un *drainage* efficace , même quand il s'agit des terres les plus fortes, parce qu'ils considèrent que le moindre sillon laissé à la surface est préjudiciable au drainage.

Il est bon d'enregistrer ici quelques causes d'obstruction qui peuvent se rencontrer dans les tranchées souterraines ; heureusement ces causes sont en très-petit nombre et limitées : tout *drainer* doit les connaître et se préparer à les surmonter du mieux qu'il pourra.

Le premier et le plus grand mal, sous ce rapport, est le dépôt d'une substance d'une nature gluante , onctueuse , dépôt inhérent aux tranchées disposées dans les sols qui contiennent beaucoup de matière ferrugineuse. M. Parkes raconte que , invité par sir Robert Peel à dessécher quelques parties de son domaine, son attention fut appelée sur cette cause d'arrêt , qui avait été une source continuelle d'ennui, de dépense et d'insuccès dans le drainage du parc et d'autres parties de la propriété. Sir Robert Peel lui fit voir une accumulation de ce dépôt rouge à l'extrémité des

tranchées, et les masses qui s'étaient formées sur les côtés
des fossés, etc., « en me laissant le soin, dit-il, de combattre
« l'ennemi comme je l'entendrais. On comprendra que je
« sentis parfaitement toute la force de la difficulté. Il n'y avait
« guère, à mon avis, qu'à tenter de faire de petits tuyaux dans
« les sols infectés de cette manière ; cependant je trouvais
« les tuyaux préférables aux autres conduits, à cause de
« la compression du cours de l'eau dans le plus petit vo-
« lume possible, et je considérais ce procédé comme de-
« vant être de nature à empêcher les dépôts de se présen-
« ter ou de s'accumuler dans ces tuyaux mieux que dans
« des conduits plus larges. Je connaissais un seul cas où
« l'on s'était servi de très-petits tuyaux de 1 pouce, et l'on
« avait continué de s'en servir pendant plusieurs années,
« sans obstruction, dans un sol marécageux chargé de fer,
« quoique les fossés où les tuyaux versent leur eau à plein
« trou demandent à être nettoyés une ou deux fois par an
« pour les tenir libres de toute obstruction. J'avais aussi
« d'autant plus de confiance dans la suffisance des petits
« tuyaux, que je me proposais de les disposer avec des col-
« liers (ou cercles) qui serviraient à couvrir et diminuer
« l'étendue de la crevasse entre chaque paire de tuyaux, et
« à la préserver de l'invasion de corps solides. Cependant
« je consacrai toute une semaine à l'examen des anciennes
« tranchées ; la plupart étaient tout à fait arrêtées par de
« la terre mêlée avec un dépôt de fer ; quelques-unes se
« composaient de tuiles ordinaires bombées en forme de
« fer à cheval [1], disposées sur ou sans tuile plate. Les tran-
« chées par lesquelles l'eau coulait continuellement étaient
« presque toutes ouvertes ; on voyait, à leur extrémité, une
« grande quantité de dépôts. Une tranchée formée de
« tuyaux de 6 pouces, transportant beaucoup d'eau, exhi-
« bait beaucoup de fer, comme précipité, lorsque la ligne

[1] Espèce de faîtières de petit modèle.

« de tranchées fut ouverte et un tuyau enlevé, ce qui ex-
« posa l'eau à l'atmosphère; il y avait aussi des dépôts aux
« petits réservoirs [1] communiquant avec l'atmosphère par
« en haut, et où l'on avait fait aboutir quelques tranchées.
« J'ai examiné plusieurs tranchées servant de tranchées
« principales, surtout à leur point de jonction avec des
« tranchées plus petites; j'en ai trouvé une d'environ
« 6 pieds de profondeur et très-bien faite, presque entiè-
« rement bouchée par un corps qui semblait être un sim-
« ple échantillon du même dépôt, ayant la couleur rouge
« du peroxyde de fer, et d'une consistance pâteuse. Cette
« masse particulière du dépôt s'est présentée à la jonc-
« tion d'une branche avec la principale tranchée, à en-
« viron 30 à 40 mètres de l'extrémité de la plus haute ou
« du bout de chaque tranchée, et à l'endroit où le cours
« de l'eau doit nécessairement être moins fort qu'en ap-
« prochant du déversoir. J'ai trouvé, à Drayton-Manor [2] et
« dans beaucoup d'autres endroits où abonde la matière
« ferrugineuse, que l'obstruction, à partir de son dépôt,
« est bien plus fréquente vers le haut bout que vers le bout
« inférieur de la ligne de tranchée, et cela par cette raison
« très-facile à concevoir, que le cours de l'eau est moindre
« en force et en rapidité, et conséquemment moins actif à
« son point de départ, que lorsqu'il approche du terme de
« sa course. » L'analyse de ce dépôt a été faite par M. Ri-
chard Phillips (du *Musée géologique*, à Londres); il a trouvé
qu'il se composait, après desséchement,

De silice et alumine avec trace de chaux. . .	49	2
Peroxyde de fer.	27	8
Matière organique.	23	0
	100	00

[1] Les petits réservoirs faits tout d'une pièce de même manière que les tuyaux ont des récipients auxquels aboutissent plusieurs tuyaux formant diverses tranchées ou rigoles.

[2] Propriété de sir Robert Peel en Angleterre.

« La grande quantité de peroxyde de fer que l'on trouve
« dans cette analyse paraît être due à l'existence primitive
« du fer dans un plus bas état d'oxydation : il a été dissous,
« en cet état, par l'acide carbonique et formé par le dépé-
« rissement de la matière organique dans le sol, puis em-
« porté par l'eau du *drainage*. Exposée ensuite à l'air at-
« mosphérique, cette matière a été convertie en peroxyde
« insoluble.

« Les autres ingrédients, figurant dans le dépôt, parais-
« sent avoir été transportés mécaniquement, par suite de
« leur existence, en un état de division très-ténue.

« Il est résulté de l'analyse que 27,8 seulement p. 100
« du dépôt se composaient de fer, et que le reste, près
« des 3/4 de l'intégralité, se composait d'éléments étran-
« gers. Cette analyse a puissamment fortifié mon espoir,
« que les tranchées que j'étais en train de faire demeure-
« raient ouvertes d'une manière permanente, si leur struc-
« ture mécanique était de nature à recevoir l'eau seule-
« ment, et aucunes autres matières terrestres que celles qui
« pourraient être chimiquement dissoutes dans l'eau : en
« ce cas, il était évident que je réduirais l'ennemi à s'en
« tenir à près des 3/4 de sa force, et que je dirigerais
« contre lui, pour l'expulser, un courant d'eau plus res-
« serré à raison des plus petites dimensions des conduits.

« Il a été fait, depuis, des tranchées sur une distance de
« quelques milles dans des sols abondants en minerai de
« fer marécageux. Ce minerai se présente par masses
« grandes et petites, quelquefois par lits ; il est d'une du-
« reté intense, et il contrarie beaucoup l'économie et l'ex-
« pédition du travail d'excavation des tranchées. C'est le
« protoxyde de fer des chimistes. Par sa dissémination dans
« le sol, il fournit la matière dissoute par le moyen de
« l'acide carbonique dans l'eau des tranchées ; il devient
« alors peroxyde de la manière décrite par M. Phillips. Le

« mot *fer*, ou rouille de fer, ferait naître à l'esprit l'idée
« que cette matière ferrugineuse est lourde, ce qui tran-
« cherait rapidement la question ; mais, si l'on songe que
« toutes les substances, chimiquement dissoutes dans l'eau
« et précipitées, sont infiniment déliées, chaque atome est,
« dans le sens pratique, léger et facile à écarter : en réa-
« lité, l'on voit cette substance sortir des bouches ou ou-
« vertures des tranchées sous la forme de petites masses
« légères et flottantes, qui se précipitent lorsque l'eau est
« calme, ou qui sont facilement arrêtées auprès des pierres,
« des herbes, etc. C'est ce qui a fait croire à quelques
« personnes que c'était là une substance végétale qui
« poussait dans les tranchées.

« Jusqu'à ce moment, c'est à peine si l'on découvre une
« trace de cette matière ferrugineuse au déversoir d'une
« des tranchées à tuyau disposées à Drayton - Manor ; c'est
« à peine si quelques taches trahissent sa présence aux
« bouts de quelques-uns de ceux des tuyaux qui vont à des
« fossés ouverts, et où l'on pourrait s'attendre à la voir :
« ce résultat est très-encourageant. »

Une autre cause d'obstruction pour les tranchées, c'est
lorsque les racines des arbres et des plantes y pénètrent :
on dit que cela est arrivé quelquefois. Tous les agronomes
savent parfaitement à quelle distance du pied de l'arbre
s'écartent les racines allant à la recherche de la nourriture ;
ce serait trop s'aventurer que de dire qu'une racine n'entrera pas dans les tranchées par une crevasse, quelque
petite qu'elle soit, recevant l'eau ; on cite des cas qui éta-
bliraient presque que des racines ont été jusqu'à s'insinuer à travers le ciment romain. Toutefois ces racines paraissent être fort capricieuses et inconstantes dans leur
marche agressive ; il a été constaté, en effet, que des tranchées ont été parfaitement libres dans leur jeu pendant des
années, quoiqu'elles fussent contiguës à des haies et à des

plantations , tandis que des racines sont venues chercher et détériorer d'autres tranchées à une bien plus grande distance. Dans quelques cas, on a vu une seule racine, de la grosseur d'une aiguille, entrer dans une tranchée , se frayer un passage contre le courant de l'eau , et là s'accroître et grossir, s'agglomérant en une masse ou touffe de cheveux, semblable à une queue de renard ; elle poussait, en longueur , quelquefois à plusieurs mètres , jusqu'à ce qu'enfin la tranchée se trouvât fermée aussi hermétiquement que s'il y avait engorgement produit par la glaise. Dans les localités où des tuyaux doivent être disposés près des arbres , il conviendrait, autant que les circonstances le permettraient, de garnir chaque rangée de tuyaux (s'ils rejoignent une ligne principale de tuyaux) d'un petit réservoir à leur jonction , afin que l'écoulement pût se voir et être inspecté de temps à autre : on découvrirait bientôt ainsi l'engorgement qui arrête les eaux, s'il y en avait un ; heureusement ces engorgements produits par la racine des plantes sont très-rares. Il est important de donner à cette obstruction la plus grande attention , et de constater toute obstruction provenant de l'engorgement que produiraient des racines ; mais on peut être certain que ces sortes d'accidents sont rares, et ils dépendent de quelque cause locale.

Parlons maintenant d'un ou deux auxiliaires du *drainage*. L'auxiliaire le plus actif et le plus puissant du *drainer* est le ver commun de terre. Le traité le plus ancien sur l'utilité des vers de terre pour le drainage se trouve dans l'article de M. Beart sur le drainage [1]. Les vers de terre aiment les sols un peu moites, mais pas trop saturés d'eau ; ils percent au-dessous de l'eau, mais non dans l'eau ; ils se multiplient rapidement en terre après le drainage. Ils préfèrent un sol profondément desséché.

En examinant une partie de terre que M. Hammond

[1] *Journal*, vol. IV, p. 212.

avait desséchée profondément après un drainage de peu de profondeur pratiqué depuis longtemps, on a trouvé que les vers s'étaient multipliés en grand nombre, et que les trous faits par eux descendaient au niveau des tuyaux. Beaucoup de trous faits par les vers sont assez grands pour recevoir le petit doigt, et un seul ver peut avoir plusieurs trous.

Feu M. Henry Handley avait une pièce de terre au bord de la mer, dans le comté de Lincoln. La mer avait couvert ce terrain ; elle y avait tué tous les vers : ce champ est demeuré stérile jusqu'à ce que les vers fussent revenus l'habiter. Il avait aussi un pâturage près de sa maison ; les vers y étaient si nombreux, qu'il pensait que leur multiplication était préjudiciable aux produits ; il fut d'avis de faire passer le champ au rouleau pendant la nuit pour détruire les vers. Le résultat fut que la fertilité de ce champ déclina beaucoup ; elle ne se rétablit que lorsque les vers furent revenus ; et, pour aider à leur multiplication, on ramassa et l'on transporta sur cette terre des milliers de vers pris sur d'autres champs.

Les grandes profondeurs auxquelles creusent les vers de terre pour en ramener un beau sol fertile qu'ils font monter à la surface ont été admirablement décrites par M. C. Darwin, dont les recherches méritent la plus grande foi ; il a démontré que, dans quelques années, les vers ont élevé la superficie de champ d'une couche de belle terre d'une épaisseur de plusieurs pouces, contribuant ainsi à engraisser les herbages. La plupart de ces petits trous paraissent convenir parfaitement à de fines racines de plantes qui y descendent et qui trouvent ainsi un accès plus facile à l'humidité et à l'air.

On a parlé des petits réservoirs comme étant une solution de continuité utile et convenable dans des lignes de tranchées, surtout dans le long cours d'une ligne principale de tuyaux, ou bien là où plusieurs lignes de tranchées convergent de deux ou plusieurs côtés vers un point central commun, c'est-à-dire vers la chute commune. L'usage du petit réservoir, dans le drainage, est un vieil usage anglais; on le fait, d'ordinaire, en poterie. Il est généralement composé de gros tuyaux de poterie ayant 9 pouces de diamètre, avec une tuile plate servant de pied pour les mettre dans le sol. On trouvera cette combinaison avantageuse et bon marché, car le *drainer habile* pourra fixer ses petits réservoirs sans avoir besoin de brique, de mortier, ni de maçon.

Les trous pour les tuyaux-récipients sont brûlés dans ces petits réservoirs de dimensions convenables, et le trou pour l'écoulement, ou tuyau de déversoir, est fait un peu plus bas que les trous des tuyaux-récipients; de sorte que l'écoulement a lieu par les premiers, et l'on voit le cours de l'eau sortant par l'ouverture des tuyaux. Ces petits réservoirs ont servi à un autre usage, c'est-à-dire qu'ils ont permis d'introduire de l'eau dans le corps de la terre et de l'appliquer à ce qu'on appelle *sous-irrigation*. Toutes les tranchées d'un champ plat peuvent sortir d'un premier petit réservoir où l'on peut conduire l'eau d'un niveau plus élevé; un deuxième petit réservoir de la même espèce doit être aussi fixé à l'extrémité du déversoir de ce champ, auquel aboutissent toutes les tranchées. En bouchant par en bas le tuyau de déversoir et en faisant passer l'eau dans le premier petit réservoir, il est clair que tous les tuyaux ayant des ramifications dans un champ se rempliront d'eau, et qu'ils la dissémineront graduellement dans toute la masse de la terre au-dessus du niveau des tuyaux de tranchées, à toute hauteur désirable, attendu qu'un tuyau de débouché peut être formé dans le petit réservoir de décharge, à toute distance voulue, au-dessous de la surface du sol, ou à la surface même. De cette manière, on peut procurer de l'eau aux racines des plantes, et surtout aux prairies, et, lorsqu'on leur en a donné assez, la totalité de l'eau peut être éloignée à volonté, et l'on peut établir un *drainage* parfait. L'introduction de ces petits réservoirs avec tuyaux nous permet aussi de faire arriver l'eau aux parties les plus élevées d'un champ ; cette eau, brusquement livrée à la circulation, nettoiera les tranchées inférieures de la pente, et l'on pourra voir alors si elles sont bien libres de toute obstruction. Le petit réservoir est également utile lorsqu'on le place près du fossé où l'eau revient stationner : on peut alors le garnir d'un tuyau avec soupape destinée à empêcher l'eau de remonter dans la rigole, et s'ouvrant au gré du courant pour laisser passer l'eau du *drainage*.

Par ce simple moyen, il n'est pas possible que l'eau sédimentaire entre dans les tuyaux des tranchées, qui restent remplis par l'eau claire du *drainage*.

En cas de besoin, les tuyaux-récipients et de décharge peuvent être attachés dans les petits réservoirs avec la glu marine de Jeffery ; mais, dans la plupart des cas, un bouchon de glaise suffira pour cet objet, une fermeture hermétique étant rarement nécessaire.

On remarquera qu'il n'a été fait mention d'aucun autre procédé pour le drainage que des tuyaux :

1° Parce que le tuyau est un conduit entier par lui-même, plus fort que toute autre forme, et susceptible d'être relié ou rattaché par des colliers (ou cercles), ou d'avoir un tuyau enchâssé dans un autre ;

2° Parce que le tuyau exige moins de substance de matière pour une force donnée que toute autre forme qui peut être donnée à l'argile ;

3° Parce que le transport est plus léger au champ et dans le champ, ce qui est une grande considération et économie pour le fermier et le drainer ;

4° Parce qu'à cause de leur forme, lorsqu'ils sont bien disposés dans le sol, les tuyaux sont moins susceptibles d'être dérangés par la pression extérieure, ou l'entrée de la terre, ou de la vermine, que tout autre article jusqu'ici en usage ;

5° Parce qu'il faut faire dans la terre, afin de faire un lit au tuyau cylindrique, à une profondeur donnée, une moindre excavation qu'il ne le faut faire pour un tuyau plat ordinaire avec son tuyau bombé ;

6° Parce que les tuyaux peuvent être posés solidement sur leur lit, avec ou sans colliers ou cercles, sans qu'il soit besoin que l'ouvrier se tienne dans la tranchée.

Il a été beaucoup dit et beaucoup écrit sur la nature poreuse des tuyaux comme propriété utile ; il n'y a pas lieu de supposer que le tuyau possède un degré plus ou moins grand de force absorbante que toutes autres poteries poreuses ou non émaillées, dont la plupart sont plus ou moins poreuses pour l'eau. Lorsqu'on en fait l'essai sous la pression de 4 pieds de sol, on trouve que la puissance absorbante de divers tuyaux faits de différentes argiles équivaut à la transmission d'environ $\frac{1}{500}$ partie de la quantité d'eau qui entre dans le conduit par l'interstice existant entre chaque paire de tuyaux ; aussi cette propriété est-elle utile, en ce qu'elle aide à dessécher et à raffermir le sol en contact immédiat avec le conduit.

Le principal avantage des outils pour la formation des tranchées, comparativement à la fabrication ordinaire, est que l'acier de l'outil est plaqué sur fer ; de telle manière que, si le fer vient à s'user, l'acier conserve toujours le fil tranchant, et les ouvriers n'ont pas besoin de quitter leur travail pour courir à la meule à repasser.

Les propriétaires doivent-ils se charger d'une partie de la dépense, et dans quelle proportion ?

Pour répondre d'une manière satisfaisante à cette question très-importante, qui se rattache au *drainage*, il convient de prendre en considération l'objet et l'effet du drainage, et la dépense que cela entraîne.

L'objet du drainage est simplement de rendre la terre sèche ; mais, en le faisant, il en résulte une augmentation de fertilité du sol, non-seulement pendant un an ou deux, ou pour plusieurs récoltes que l'engrais seul peut effectuer, mais très-probablement pour un laps de temps indéfini. Il s'agit donc ici d'une opération qui peut rendre la terre plus fertile, non-seulement pour un certain temps, mais pour toujours ; et l'on doit alors apprécier la valeur intrinsèque de cette opération par l'augmentation de la valeur permanente qu'elle donne à la terre. Ce point établi, la question de savoir par qui doit se faire le drainage se résout simplement de la manière suivante : les propriétaires doivent-ils abandonner à d'autres qu'à eux le soin d'augmenter la valeur permanente de la terre ; ou, en le permettant, doivent-ils imposer une augmentation permanente de loyer à d'autres, pour une terre à la valeur permanente de laquelle ils n'ont contribué en rien ? La réponse est aussi simple que l'est la question : c'est qu'ils ne peuvent, en toute justice, refuser d'aider pour ce qui peut amener une amélioration permanente de leur propre terre, s'ils exigent le plus haut loyer qu'elle peut valoir, par suite de l'amélioration effectuée par d'autres. L'amélioration provenant d'un drainage judicieusement fait est évidemment permanente, alors qu'elle ne serait que temporaire par une bonne culture. Dans le dernier cas, le propriétaire a bien droit de profiter de tous les avantages que lui assure une bonne culture, puisqu'il dépend du fermier de se dédommager par les bons effets de son travail avant l'expiration de son bail ; et, s'il laisse à la terre quelque avantage appréciable par le propriétaire, il n'a aucun sujet de se plaindre ; puisqu'il en a été récompensé.

De l'autre côté, pour ce qui est de l'amélioration permanente obtenue par le drainage, le fermier ne peut s'appliquer à lui seul tous les avantages, dont partie, ou même la totalité, peut revenir au propriétaire à la fin du bail. Ce résultat étant l'effet pratique du drainage, le propriétaire ne doit pas consciencieusement laisser faire une amélioration permanente à sa terre par un procédé quelconque auquel il n'a pas participé ; mais il doit insister pour contribuer en commun, avec le fermier, à tel procédé qui produit un semblable résultat.

Ainsi la question du drainage, en ce qui concerne le propriétaire, est tranchée ; mais il y en a une qui touche le fermier, celle de savoir s'il doit dépenser son argent en rendant perpétuellement meilleure la terre de son propriétaire, sans recevoir d'assistance. En toute justice, il ne le doit pas ; et, dans tous les cas, il serait déplacé qu'il le fît, en premier lieu, sans obtenir le consentement de son propriétaire. Néanmoins, pour l'un comme pour l'autre cas, il y a des propriétaires qui refusent de dessécher, et il y a des fermiers qui le font à leurs propres frais. Lorsque la convenance et la nécessité du drainage sont placées sous ce jour devant les deux parties, la principale et même la seule considération pour le fermier, c'est de savoir si la dépense qu'il veut encourir lui offrira des dédommagements pendant le cours de son bail ; et, si sa peine et son argent ne lui donnent aucun profit, sa condition reste la même. Une grande partie du drainage exécuté dans le principe en Angleterre fut entreprise par le fermier dans l'espoir qu'il en recouvrerait la dépense avant l'expiration de son bail ; il en résulta naturellement que la dépense fut faite plutôt dans la vue de se garantir des pertes que de gagner en pratiquant des desséchements. Une pareille position n'est nullement satisfaisante pour le fermier, car, tandis qu'il absorbe une grande partie de ses ressources en entreprenant le drainage, il ne s'assure pas l'amélioration permanente du sol, et il peut même arriver qu'il ne recueille aucun avantage ; car, bien que, dans l'un et l'autre cas, il y ait peu de doute que la terre ne retire un profit du drainage, il n'est pas aussi sûr que le fermier ait le temps de rentrer dans l'argent qu'il a dépensé, et qu'il soit dédommagé de la peine de diriger une semblable opération ; et certainement il a bien droit à cette compensation. Cette crainte est justifiée par le fait qu'il faut une forte somme de 70 à 200 fr. par arpent pour dessécher la terre d'une manière efficace. Le fermier peut-il donc prudemment chercher à obtenir une amélioration si coûteuse, quand il est évident que le propriétaire en retirera un grand profit? Si le fermier se lance imprudemment dans une pareille dépense, le propriétaire n'a pas de motif direct d'offrir d'y participer. Le fermier, toutefois, a un avantage positif à le prier de le faire ; et, alors que le propriétaire n'aide pas son fermier pour dessécher, il peut bien se faire que le fermier ait négligé, ou ait pris la détermination de ne pas réclamer sa coopération ; et, dans ce dernier cas, il n'y a qu'un sentiment d'honneur et de justice qui pourrait porter le propriétaire à offrir de participer à une dépense qu'il reconnaît lui être onéreuse. Sous quelque point qu'on envisage la question, il est donc du devoir du fermier de réclamer le concours du propriétaire, avant d'entreprendre de faire toute la dépense par lui-même, quel que soit le résultat de son opération.

Jusqu'à présent on a raisonné dans l'hypothèse que les propriétaires ne se montrent pas disposés à participer à la dépense du drainage ; s'il en était autrement, la proportion dans laquelle ils devraient débourser de l'argent devient naturellement un point important qu'il faut régler, et qu'il convient de fixer avant de rien commencer. Il est de toute évidence que le fermier ne peut s'arranger de débourser une forte somme pour le drainage ; car une dépense pareille exigerait qu'il eût un plus grand capital pour exploiter sa ferme. Si les propriétaires s'engagent à partager la dépense, ils ont droit à participer proportionnellement à l'avantage obtenu ; et il est de leur intérêt et de leur devoir de veiller à ce que l'opération soit exécutée le mieux possible. Les rapports entre le propriétaire et le fermier n'ayant pas été jusqu'à présent aussi clairement établis que la question le comporte pour le drainage, il convient d'indiquer ici les véritables positions des parties en ce qui concerne cette opération, en prouvant que le drainage est plutôt l'affaire du propriétaire que celle du fermier, même sous le point de vue de rémunération pécuniaire, et c'est probablement la meilleure manière pratique d'envisager le sujet; en agissant ainsi, on doit placer d'abord en première ligne les opinions de quelques praticiens qui ont exprimé publiquement leurs vues sur ce point important.

M. Roberton, en parlant des différents procédés de drainage employés par le fermier lui-même, depuis celui adopté conjointement avec le propriétaire, dit : « L'effet immédiat
« dans l'un et l'autre cas est à peu près le même, et, en-
« visagé sous le rapport de l'intérêt temporaire du fermier,
« je n'ai aucun doute que l'un produira un résultat aussi
« favorable que l'autre : toutefois le cas est très-différent
« pour le propriétaire ; car, en employant la dernière mé-
« thode, on obtient une amélioration dont on peut garantir
« que la durée sera pour plusieurs baux. Il est douteux
« que par la première méthode on puisse compter sur cet
« avantage au delà du bail existant. Que le propriétaire
« prenne part de tout temps à l'opération, et que par là il
« assure l'amélioration permanente de sa propriété, c'est
« aujourd'hui une chose généralement admise; et pourtant
« on n'agit pas toujours dans ce sens ; néanmoins on peut
« affirmer, sans craindre d'être contredit, que des amé-
« liorations par un drainage à fond ne deviendront jamais
« générales ou rendues permanentes, à moins qu'on n'ob-
« tienne l'aide du propriétaire : si le soin en est aban-

« donné au fermier, le manque de capital et le peu de
« durée du bail tendront, de tout temps, à restreindre
« l'étendue de l'amélioration, qui sera rarement rendue
« permanente, parce que le véritable intérêt du fermier
« est d'exécuter les travaux, uniquement de manière à as-
« surer son intérêt temporaire. Pour le propriétaire, au
« nombre des raisons qui l'induisent à améliorer son bien
« par le drainage, la plus forte, du moins la plus satisfai-
« sante, est que cela produit un dédommagement immé-
« diat et grand. S'il n'a point d'argent, il n'a qu'à em-
« prunter à 4 pour 100, sa propriété lui offrant une
« garantie, et le prêter à 6, excédant qu'aucun fermier ne
« refusera de payer. Personne ne peut nier qu'un pro-
« priétaire a autant droit de recevoir un bon boni pour
« l'argent dépensé à l'amélioration de son bien que pour
« celui qu'il a déboursé lors de l'acquisition. D'après cela,
« je poserai, comme principe général, que, pour chaque
« sou que le propriétaire a dépensé en améliorations de
« toute espèce, il aura la certitude d'un dédommagement
« soit immédiat, soit en perspective : immédiat sous la forme
« d'intérêt ; en perspective, sous celle d'un surcroît de
« loyers ; et de cette manière, après plusieurs locations, il
« sera remboursé de ses dépenses. » Toutes justes que soient
ces observations, on peut aller plus loin et soutenir que le
propriétaire aura la certitude d'un dédommagement à la fois
immédiat et en perspective. Le dédommagement immédiat,
reçu par l'intérêt, cesse avec le bail, et celui à venir ne peut
être assuré que par un surcroît de loyer ; car il serait pué-
ril de continuer l'ancien intérêt dans un nouveau bail,
cela reviendrait à une augmentation de loyer. En ce qui
regarde le fermier, M. Roberton dit : « Je présume qu'il
« fait de chaque amélioration le sujet d'un calcul de profit
« ou de perte pour un seul bail, et qu'il ne dépensera point
« d'argent *uniquement dans la vue* de faire des améliora-

« tions qui s'étendraient au delà de cette période, par la
« raison, eût-il même l'assurance d'un renouvellement de
« bail, qu'avant que cela arrive il sera fait une estimation
« de sa ferme, qui comprendra les effets de ses améliora-
« tions, en sorte que, s'il en a payé la totalité, il aura réel-
« lement à en payer de nouveau les frais sous la forme de
« loyer additionnel. »

La dépense de drainage supportée par M. Roberton a
varié de 100 fr. à 75 fr. par arpent. Dans le premier cas,
M. Roberton nous apprend que les propriétaires de sa ferme
firent la dépense pour ouvrir les tranchées, et que les travaux furent conduits de manière à lui faire concevoir qu'il
en résulterait un avantage permanent pour la terre.

Dans le second cas, le drainage fut entièrement exécuté
à ses propres frais, avec un bail de douze années de durée
seulement; et, par conséquent, il fut pratiqué plus super-
ficiellement. Il dit que les deux méthodes ont été essayées
et qu'elles ont réussi, et les conclusions qu'il en tire sont
dignes d'attention, en ce qu'elles jettent un grand jour sur
la question, car la différence dans la dépense des deux méthodes est à peu près égale à ce qu'on peut regarder
comme une part assez satisfaisante pour le propriétaire; et
quand on considère que, par le mode le moins cher, l'amélioration d'une plus grande étendue de terre fut complétée
dans un temps donné, sans augmenter matériellement le
nombre de chevaux sur la ferme, il est douteux qu'à la
fin il ne devienne pas le plus profitable pour le fermier,
et que, pour un fermier qui a de l'argent, l'assistance du propriétaire soit une chose assez essentielle pour le détourner
d'entreprendre une amélioration de cette espèce; car,
comme simple spéculation, il peut s'y embarquer avec confiance, et si le prix des produits varie, comme cela peut
arriver, l'argent dépensé de cette façon lui procurera toujours un beau dédommagement.

Dans un tableau des proportions relatives pour la dépense que les propriétaires et les fermiers devraient supporter pour l'exécution de drainages, M. Smith, de Deanston, établit ses calculs sur la supposition que les propriétaires en payeraient les deux tiers et les fermiers un tiers, ce qui est le contraire de ce que les idées de M. Roberton sembleraient indiquer.

Supposons maintenant qu'un propriétaire veuille entreprendre à sa charge le drainage à fond d'une ferme, et qu'à cet effet il l'exploite par lui-même; une fois ce but atteint, s'il veut la louer dans un bon état de drainage, n'est-il pas raisonnable qu'il ait la prétention de rentrer dans ses déboursés, principal et intérêt, pendant la durée du bail de dix-neuf années, qu'il est en train de négocier avec un fermier? Si la ferme ne rembourse pas la dépense de son amélioration dans un temps raisonnable, et à coup sûr une période de dix-neuf années doit suffire pour y arriver, il n'en résulterait que peu d'avantages. Or, pour qu'un propriétaire puisse rentrer dans tous ses déboursés, principal et intérêt, pendant dix-neuf années de bail, les produits de la ferme devraient augmenter de manière à payer 8 pour 100 sur l'argent qui a occasionné l'augmentation de produit.

Supposons aussi qu'un fermier ait fait toutes les dépenses de drainage, il serait également en droit de s'attendre à réaliser 8 pour 100 sur ses déboursés pendant le bail pour rentrer dans sa mise entière de fonds.

Mais les positions des deux parties, en dépensant la même somme pour le drainage d'une ferme, sont grandement différentes. Le fermier a droit non-seulement à recevoir 8 pour 100 sur l'argent qu'il a dépensé pour rentrer dans tous ses déboursés; mais il a droit encore à recevoir 15 pour 100 pour sa peine personnelle en entreprenant la tâche du drainage de la terre d'un autre, et pour les risques qu'il a courus en dépensant de l'argent pour l'exploitation de la ferme, les commerçants comptant sur 15 pour 100 sur leurs déboursés. Le fermier doit donc recevoir au moins 23 pour 100, tandis que le propriétaire doit se contenter de 8 pour 100 *au plus* pour le même montant de dépense. Pour le fermier, la durée de son bail, fixée à dix-neuf ans ou tout autre nombre d'années, est la plus longue période sur laquelle il puisse calculer pour rentrer dans son argent, et sa position n'est pas changée, quoique le bail doive être renouvelé, car les conditions futures seront comme si c'était pour un étranger. Par ces raisons, tout devrait être réglé entre lui et le propriétaire à la fin du bail, et, pour qu'il soit à même de le faire, il doit retirer de la ferme 23 pour 100 pour ce dont il s'est découvert pendant le bail. Quelles que fussent les améliorations effectuées par l'un ou l'autre sur la ferme, elles produiraient, au profit du propriétaire, des résultats pour une période indéfinie de temps; et, les choses étant ainsi, tout ce qu'il peut attendre en retour, c'est le taux ordinaire d'intérêt qu'il recevrait en plaçant son argent dans des opérations qui donnent rarement plus de 5 pour 100. Mais, pour engager le propriétaire à coopérer, avec le locataire, au drainage d'une ferme, on doit lui offrir quelque appât plus séduisant que le taux ordinaire d'intérêt; bien que la ferme qu'il est question de dessécher soit son propre bien, comme il a transféré les intérêts qu'elle lui présentait au fermier pour une longue période, on ne doit pas s'attendre à ce qu'il se donne la peine d'emprunter de l'argent, ce qui peut être le cas, et qu'il en paye l'intérêt, pour ne recevoir en échange de tout cela que ce qu'il a avancé. L'intérêt de l'argent variant de $3\frac{1}{2}$ à 5 pour 100, il n'y a rien de déraisonnable à ce qu'il reçoive un plus fort intérêt que le taux le plus élevé qui vient d'être mentionné.

Ainsi, quand un fermier dessèche à fond sa ferme, il doit recevoir 23 pour 100 pour ses déboursés, et, si c'est le propriétaire qui le fait, il doit en retirer quelque chose de plus que 5 pour 100 : or que conclure de tout ce qui précède? évidemment que le propriétaire doit se charger de toute la dépense du drainage de sa terre, puisque son intérêt dans l'amélioration est permanent ; qu'il a les motifs les plus forts pour l'exécuter ; que ses prétentions sur la terre sont modérées, ne s'élevant qu'au taux ordinaire de l'intérêt. Dans l'une ou l'autre supposition qui précède, on admet que le drainage entier a été fait par le propriétaire ou par le fermier ; mais, lorsqu'il existe un arrangement entre eux à cet effet, les conditions devraient en être basées sur le principe que, l'arrangement n'étant que pour un temps défini, les deux parties recevraient, pendant sa durée, leur taux d'intérêt respectif, c'est-à-dire le propriétaire 8 et le fermier 23 pour 100; et, pour obtenir la coopération désirable du propriétaire, le fermier ne devrait lui rien *rogner* de ses 8 pour 100 d'intérêt, et le propriétaire ne devrait point exiger un plus fort loyer que celui qui permettrait à la ferme de donner les 23 pour 100, et les deux taux réunis ne feront pas une forte somme par an. Par exemple, supposons que les $\frac{4}{5}$, ou 2,000 fr. sur 2,500 fr., soient dépensés par le propriétaire, il recevrait 160 fr. par an pour ses 8 pour 100 d'intérêt, et, pour donner au fermier 23 pour 100 sur son $\frac{1}{5}$, ou 500 fr., il recevrait 115 fr. par an, les deux sommes faisant ensemble 11 pour 100 sur toute la dépense, qui, envisagée comme tribut annuel de la terre, ne s'élèverait qu'à 5 fr. ou un peu plus, par arpent de terre de la valeur de 50 fr. de loyer, somme que le drainage à fond rembourserait aisément.

Une mesure très-importante touchant les rapports entre le propriétaire et le fermier fut adoptée par le parlement anglais, dans la session de 1846, sous le titre d'*Acte de drainage*. L'objet de cette mesure est d'accorder de l'argent du trésor et de faire régler ces allocations, par des commissaires nommés à cet effet, aux propriétaires de terres, pour en accroître la production au moyen du drainage et d'autres opérations accessoires d'un caractère positif et permanent.

On ne saurait douter que cet acte offre un grand avantage à l'agriculture de l'Angleterre; il est impossible de concevoir un principe plus empreint de sagesse politique que celui d'où dérive l'acte de drainage, et d'apprécier à un trop haut degré la valeur d'une semblable mesure.

D'après les progrès que le système de drainage à fond a faits déjà, les sols regardés jusqu'alors comme pauvres ne le cèdent guère aux sols riches; cette rivalité ne peut pas être arrêtée, et le résultat fera faire bientôt à l'agriculture un pas plus grand qu'elle n'en a jamais fait. Le grand moteur naturel, « *notre propre intérêt,* » fera le reste avec le temps. Cependant les efforts des propriétaires et des sociétés agricoles peuvent beaucoup pour débarrasser la terre d'une humidité surabondante, à *l'aide du drainage à fond,* qu'on reconnaît être aujourd'hui la base de toute bonne culture.